快速獲得客戶信任的聊天策略

從聽懂到成交信任的速度

看透客戶心理，解讀客戶言語中的潛臺詞，
精準擊中每個交易的破綻

黃華彬，肖莉莉　著

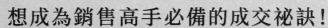

想成為銷售高手必備的成交祕訣！
從熱愛自己的職業做起，透過激發內在熱情
透過說話的藝術拉近與客戶的互動，建立穩固的關係
打造舒適的談話氛圍，促使交易自然而然的達成
從客戶的話語中獲得關鍵資訊，聽懂隱藏其中的弦外之音

目錄

前言

第一章　最好的銷售是愛上自己的職業

熱愛你的職業 ………………………………………016

不怕幾萬次的拒絕 …………………………………022

假裝久了，就真的愛上了 …………………………030

核心競爭力；完整的售後服務 ……………………039

職業規劃，全力奔向目標 …………………………044

第二章　與客戶的心靈對話

越厲害的業務員越會說話 …………………………050

以禮貌拉近與客戶之間的距離 ……………………058

讚揚優點 ……………………………………………062

透過「共同話題」，讓你變客戶的自己人 ………069

讓客戶舒適的談話 …………………………………079

目錄

第三章　快速獲得客戶信任

了解客戶的心 …………………………………… 090

對客戶「動」心，客戶對你動「情」 ……………… 095

轉換立場思考 …………………………………… 102

每一位顧客都是潛在客戶 ……………………… 107

為顧客著想 ……………………………………… 113

讓客戶感受到你的誠意 ………………………… 120

第四章　洞察客戶心思，營造和諧談話氛圍

尊重的言語，迅速贏得客戶認同 ……………… 130

幽默的言語，營造成交的氛圍 ………………… 136

弄清楚客戶的喜好 ……………………………… 143

引起客戶興趣，自然會達成交易 ……………… 151

依照需求，挖掘賣點 …………………………… 158

讚美要在用在對的地方 ………………………… 161

第五章　「聽懂」客戶真正的想法

傾聽弦外之音 …………………………………… 168

從言談搞懂客戶心機 …………………………… 174

「聽」出客戶的話中有話 ……………………… 181

言談中的關鍵資訊 ················187

給客戶許多說話的機會 ················192

「聽」出來的「大訂單」 ················199

第六章　成交祕訣

找到弱點，給予適當的刺激 ················208

摚涻傲慢型客戶 ················214

針對不同性格制定不同的策略 ················220

應對「精明」客戶的三招 ················226

用妙招面對猶豫不決的客戶 ················234

如何應對保守型客戶 ················240

第七章　依據客戶消費特質，精準成交

滿足精神需求 ················250

利用從眾心理 ················259

巧妙運用好奇心 ················264

利用客戶對時尚的追求 ················269

利用環境 ················272

透過「集體意識」，讓客戶不孤單 ················277

前言

　　有效銷售是一場「愛」的交易。

　　迄今為止，我們從事銷售產業已經二十多年了。

　　我們從零開始，一步一步地靠態度、技術、業績和管理能力成功挑戰成為自己公司的老闆和產業導師。這其間所經歷的艱辛，是好幾本書都寫不完的。但是，凡事都具有兩面性，正所謂「上帝為你關了一扇門，總會為你開啟一扇窗」。我們雖然在這個產業經歷了很多挑戰，也就是俗話說的「苦頭」，卻也讓我們的人生收穫了滿滿的正能量、越來越值錢的能力和強大的產業影響力。

　　從事銷售，讓我們在經受挫折的同時，也長了一番見識。同時讓我們明白，業務員在向客戶推銷產品的過程，就是推銷自己的過程。可以說，推銷就是做人。

　　所謂「做人」，不只是外在的做作表現，更多的是真正的內在品格、個人的綜合素養，甚至是你的信念和觀念。如何正確理解「做事之前先做人」呢？在我看來，就是對客戶懷著一顆敬畏心，這樣，我們才能收藏心中的摯愛和情懷！

　　多站在客戶的角度上考慮問題，關注客戶的真正需求；多站在自我的角度上審視自己，了解自我，釐清自我，修練

自我。給客戶最美的微笑，給客戶最暖心的關懷，給客戶最貼心的服務，給客戶最需要的產品……爭取讓最好的自己出現在客戶面前。

回首往事，無論是百人特訓還是千人舞臺我們攜手走過無數精采，每每看到無數普通平凡的人因為我們的榜樣、訓練、點撥、激勵或是合作，令他們因為銷售開始逆襲，從笑話變成神話，特別有成就感，細想當初，很多客戶的成交，都歸於一個字 —— 愛！

如果說我們算一個成功的業務員的話，那麼我們的銷售祕訣就是在愛客戶的基礎上，為客戶提供周全、到位的服務。

所以，我們認為銷售的最高境界，就是跟客戶來一場「愛」的互動，除此以外，沒有別的祕訣。

愛是一切成功的祕密！沒有愛，一切都會成為虛無。要想成為一個優秀的業務員，必須全身心地愛你的職業、你的客戶。

傑・亞伯拉罕（Jay Abraham），是美國加州洛杉磯的亞伯拉罕集團的創始人和 CEO，也是具有傳奇色彩的行銷大師，曾經被譽為世界上最偉大的市場行銷智囊、行銷鬼才、零售領域獨一無二的專家、國際第一行銷管理大師。

傑・亞伯拉罕曾經在 6 個月內把公司的營業額從每星期

1,200 英鎊增加到 2,500 英鎊。他是怎麼做到呢？下面我們來看看他的自述：

我的叔叔開著一家餐飲公司，當他出國的時候，我負責整個餐飲公司的生意。我們所有的行銷是在聖誕節時報紙上一塊卡片大小的地方做廣告。但效果一直不好。我了解到我們在營運中存在許多問題。而最大的問題是我們從不了解顧客的姓名，這意味著我們無法對顧客做任何事，因為我們不知道我們為誰服務，不知道我們有多少顧客，也不知道我們的服務品質如何。我們也從未計算過每位顧客的邊際利潤。

為了更好地為顧客服務，我做的第一件事就是了解顧客的姓名，並記錄到一個卡片索引系統中。在分析過我們的產業後，我們可以輕易地了解約 50% 顧客的姓名。這包括留下姓名、地址和電話叫餐的顧客。其他一半需要一些「創意」來了解姓名。

於是，我從一個朋友處「借」了一個主意，他有一本顧客手冊，記錄了他酒店的顧客。我也做了一本「顧客」手冊，記錄了顧客的姓名、地址、電話，並注明他們對外賣餐點的意見。我們給顧客的優惠是，所有手冊中的顧客在將來會受到特別邀請。

在得到姓名後，發展生意就很簡單了。首先，我會給名單上的每位顧客發一封感謝信。然後，給他們一個紙條，寫

上本週特別菜式，以及今後 5 個月的每週推薦（首先給 50 名顧客試一下，以免浪費錢）。

這樣試的結果 —— 我們的營業額在 6 個月內翻了一倍。

這件事讓我學到的最重要一點是：要想讓顧客記得你，你必須先記住顧客，不但要給顧客提供最好的服務，還要給顧客周全到位的愛。

真正成功的銷售人員的銷售理念是：「愛上你的顧客，而不是你的產品。」可以說，銷售工作是「愛與關懷」的表現。在美國的《銷售力》（*Selling Power*）雜誌中，曾有過這樣一段話：

銷售人員……自由地運用愛和關懷的語言。我們聽到像「看護」或者「當臨時保母」這樣的新說法或者帶著溫柔體貼去對待不滿的客戶，一些人描述「關懷備至」。在某些情況下，銷售人員不用詞彙來表達他們愛的語言；當他們描述產品優勢時，他們可能會使用較溫和的語氣。他們可能會使用能表達對他們的產品熱愛和情感的手勢。

這段話告訴我們，並不是說成功的銷售人員都不強勢！而是他們的強勢不是針對客戶，而是針對他們自己。當他們設定銷售目標或者致力於自我完善的時候，他們非常強勢。也就是說，對自己強勢的目的，是為了讓自己變得更優秀，以讓自己為客戶更好地服務！

成功的銷售人員在涉及到與客戶合作的時候，他們首先想到的是幫助客戶。而且，這種幫助是真誠的、發自肺腑的、全心全意的，不管幫助的結果與否，他們對客戶的幫助都是一種愛的表現。

　　銷售的最高境界就是：愛，是這個世界上最動聽的語言。對待客戶，我們唯一要做的 —— 就是溫柔地愛、溫柔地聽、溫柔地說（在這裡要提醒的是，並不是打著「愛」的旗幟去騙客戶，因為這會走入萬劫不復的下場）。總之，就是懷著「一切皆為客戶好」的目的去做！

　　人的成長從來沒有捷徑可走，好走的路都是下坡路。人生苦短，而事業和工作，占了我們生命中三分之二的時間，如何讓自己過好這有限的、美好的時光，每個人都有自己的選擇。但有一點卻是共通的，那就是，人間正道是滄桑。雖然走正道會讓我們很苦很累，但只有走正道才能夠讓我們在人生的大道上越走越容易！更精采！更豐富！更有價值！走得更遠！

　　令我們欣慰的是，我們能夠在最好的年紀選擇正確的道路從事正確的事情。將近二十多年的無悔歲月，讓我們從一個普通女孩子歷練成了企業管理者，生命導師，我們也被打造成為一名真正為客戶著想的業務員，並且成就了在這個產業中的越來越值錢的個人品牌價值和影響力！

前言

　　我們這本書中的觀點，來自於我們對職業、工作的感悟；這本書裡的故事，來自於我們的朋友、同行、客戶、同事、徒弟們以及我們周圍的熟悉的人。

　　在寫這本書時，我們又想起那些年遇到過的恩師、朋友、同事，想起他們對我們的支持和鼓勵，想起我們一起工作時所遇到的風風雨雨……不由得感慨萬千，此時，他們尚在我們的身邊，並且都在銷售領域做出了一番傲人的成就！

　　轉眼之間，這麼多年過去了，在這將近二十多年的時光裡，我們從熱血的熱情青春，到成為思想成熟的中年人，但不管時光如何改變，我們對銷售的熱愛是不會改變的，而且還會有增無減。

　　由於這本書是我們利用工作、講課之餘的零碎時間寫的，再加上我們本人的能力有限，書中難免存在諸多不足之處，所以，我們懇請讀者朋友發現後，給予批評指正！

　　最後，我們要特別感謝我們的父母，不僅給了我們生命，還把正直、善良、勤奮的美德傳給我們，多年來，父母和家人對我們一直是默默支持和鼎力相助；我們要隆重感謝人生道路上的啟迪者，第一位就是給我們機會、給我們舞臺、讓我們從銷售開始蛻變的陸恆鷹陸老闆，除此以外，還有感謝我們攜手共進一起成長的兄弟姐妹、推動我們成長的徒弟們，點化我們的恩師們，他們是：盧瓊石、王鳳娥、葉

亞鵬、姜明珠、周子珺、萬小燕、簡紅波、萬霞、劉紅梅、何嘉美、孔德愚、吳棟、小寶、小蕾、柯俊吉、黃展鴻、丘偉斌、於祖、韓德智、姚志剛、麥啟昌、南方、理查·班德勒等等，想要感謝的人太多太多，在這裡就化作一句話：感謝所有與我們相遇並有緣同行的你們！！！

第一章

最好的銷售是愛上自己的職業

熱愛你的職業

H 是一名業務員。

他是應屆畢業生，沒有經驗，大學學的是資訊工程，也與銷售無關。之所以在十幾名應徵者中脫穎而出，是因為他偶然間說的一句話，他說：

「我剛走出校門，什麼工作經驗也沒有，可我有一腔對職業的愛啊。你知道我有多麼愛推銷這個職業嗎？」

人資抬起頭，衝著他微微一笑，鼓勵他說下去。

他接著說道：「我像比爾蓋茲一樣，愛這份推銷職業。也希望像他一樣，在銷售領域做出成績來。」

「比爾蓋茲不是做電腦的嗎？」人資故意問。

「是呀，但他更是一名出色的銷售大師。」他振振有辭地說，「比爾蓋茲曾經自稱是微軟頭號業務員，他讓微軟團隊接受一門特殊的銷售訓練。『誰擁有行銷，誰就擁有未來。』是比爾蓋茲說的銷售名言。但我更喜歡他說的那句『付出時間，你將收穫的是更多的時間；付出愛，你將得到更多的愛。付出金錢，你將獲得更多的金錢。你永遠不用擔心你付出的得不到回報的話。」

聽著 H 對比爾蓋茲的解讀，人資大為欣賞，當場拍板錄用了他。

H 把比爾蓋茲稱為業務員，與求才公司的想法不謀而合。

比爾蓋茲作為美國微軟公司創辦人，連續 13 年世界首富，曾經每秒賺 250 美元，每天賺 2000 萬美元，一年賺 78 億美元。從他這份創業履歷中，他貌似是成功的企業家。但你讀過他創業故事後，不難發現，他的成功，其實是一個銷售模式，公式如下：

一個夢想＋一個支點＋一個團隊＝成功

由此來看，我們要想成為一個偉大的銷售菁英，首先你要有一個偉大的夢想，然後你要選擇一個供你發揮的平臺，最重要的就是你需要一個偉大的銷售團隊，你要立志成為一個偉大銷售團隊裡面的銷售菁英。

比爾蓋茲除了具有銷售的才能外，他能夠取得如此大的成功，更與他對職業的熱愛有很大的關係，下面我們摘錄一段他的演講：

自從記事起，我就熱衷於接觸新事物、挑戰難題。我上七年級時，第一次坐在電腦前是何等著迷，如入無我之境。那是一臺鏘鏘作響的老舊機器，和我們今天擁有的電腦相比，相當遜色，但正是它改變了我的生活。

30 年前，我和朋友保羅‧艾倫（Paul Allen）創辦微軟時，我們幻想實現「在每個家庭、在每張辦公桌上都有一臺電腦」，這在大多數的電腦體積如同冰箱的尺寸的年代，聽起來有點異想天開。但是我們相信個人電腦將改變世界。今天看來果真如此。30 年後，我仍然像上七年級的時候那樣為電腦而狂熱著迷。

我相信電腦是我們用來滿足好奇心及發明創造的最神奇的工具 —— 有了它們的幫助，甚至是最聰明的人憑自身力量無法應對的難題都將迎刃而解。電腦已經改變了我們的學習方式，為全球各地的孩子們開啟了一扇通向大千世界知識的窗戶。它可以幫我們圍繞我們關注的事物建立「群」，讓我們和那些對自己重要的人保持密切連繫，不管他們身處何方。

就像我的朋友巴菲特一樣，我為每天都能做自己熱愛的事情而感到無比幸運。

猶太人中流傳一句話：「選擇你所愛的，愛你所選擇的。」

我們的青春瞬間即過，行走在職場的光陰，也不過短短的二三十年，當我們選擇了一份職業時，既要接受它，更要用心去愛它。

愛是什麼？愛是付出。你愛上你的職業時，它不再是單純的謀生工具，而是一份職業。當你透過努力和辛苦付出，為公司做出巨大的貢獻時，也將會為你的職業生涯寫下閃亮的一筆。

　　推銷工作的迷人之處就在於，讓膽小如鼠、性格內向的你，變得勇者無畏、開朗快樂；讓愛發牢騷、喜歡空想的你，變得腳踏實地；讓活潑樂觀的你，在見識更多的人，經歷更多的事情後，成為睿智豁達的人……

　　28歲的小剛家境優越，大學畢業後不到兩年時間，換了六份工作，這六份工作都是中途離職的。後來，他向一位銷售界的菁英請教：

　　「我只要在一個地方待超過兩個月，就會開始煩躁。」他自我總結，「工作也一樣。你幫我指點一下，我適合做什麼工作？」

　　「業務員。」對方脫口而出。

　　「可我的職業規劃裡不包括它啊。」他說。

　　「去試試吧，反正你待著也沒事。」對方告訴他。

　　那次談話後，小剛決定去嘗試當業務。

　　一年後，他在一家超市擔任銷售部主管。他感慨道：「真謝謝那位菁英老師，讓我選對了產業。當我懷著試試的心態時，才發現自己簡直就是為這個職業而生的。我從客戶那裡看到一個真實的我。現在我有了一套工作準則，那就是——今日事今日畢。」

　　現在的他，在工作中處理每一件事都細緻周到，並保證在第一時間高品質地完成。他憑著自己對工作的熱愛和努力

的付出，晉升為部門主管。

其實，再好的工作，我們長久地去做，都有可能做一些令人厭煩的工作。即使給你一個很好的工作環境，但如果總是一成不變的話，任何工作都會變得枯燥乏味。許多在大公司工作的員工，他們擁有淵博的知識，受過專業的訓練，擁有一份令人羨慕的工作，拿著一份不菲的薪水，但是他們中的很多人對工作並不熱愛，視工作如緊箍咒，僅僅是為了生存而不得不出來工作。他們精神緊張，未老先衰，工作對他們來說毫無樂趣可言。成為「三十多歲死去，到五十多歲才被埋」的一類「活死人」。

如何測試自己是否熱愛自己的職業，如果你符合以下八條，那麼你是真愛你的職業，只要你努力並堅持下去，就能做出一定的成就。請看表 1-1：

表 1-1 熱愛職業的測試表

| 1 | 總是沒有時間完成所有的事情 | 工作總是源源而來。但是你沒有因此被打倒。有很多事情還沒有完成是因為你一直不停地在完成事情。你一直在工作的過程中。海明威總是在有更多想說的話之時，突然停止寫作。他覺得，這總比靈感枯竭時還堅持寫作要好，因為這樣就意味著第二天你在提筆的時候就沒有東西可寫了。他的例子像極了我們的工作狀態。第二天仍有很多事情等著我們去做，多棒！ |
| 2 | 你經常提醒自己顧全大局 | 工作中總有一些枯燥的任務需要完成，即使我們不想成為完成這些任務的那個人。我們很容易就迷失在某項工作的繁複細節中而忘了展望它的完成，更容易糾結於這些細節工作。 |

3	你的失望來自於某事不完美	當我們在意工作或某事不能達到自己的標準時，會表現出失望的情緒來。如果這種沮喪來自於想要某事變得更完美，並願意花時間和精力來使之達到標準，那麼我們所做的工作對我們來說是非常重要的。即使這種掙扎會讓我們感覺到極大的痛苦。但是，我們仍然不會放棄自己，並且朝著我們預想的目標前進，一旦達到目標，我們的成就感更大。
4	在早餐和晚餐時間談論自己的的工作	哪怕工作再讓你心灰意冷，你就是忍不住想提到它。你試圖和你愛的人討論這個話題，想著也許其他人的意見能幫助你順風順水地找到解決方法。抱怨工作可不屬於這一類。總是有幾天甚至幾周，你總是感覺工作在和你作對，但你仍然每時每刻都想談論工作。工作在你走出沮喪那一天仍然繼續著。
5	你感覺還沒過多久就到午餐時間了	你有這樣的經歷嗎？當你完成了重要的工作任務後，也許是回覆了幾封郵件，或是把昨天沒有完成的事情處理完了，正打算大幹一場的時候，抬頭看了一下時間，發現已經快十二點了。你驚覺時間都去哪兒了？如果你很容易就進入工作狀態，那意味著你做的事情既不簡單，但又不至於有太大的挑戰，那麼你現在的工作就是最最適合你的。
6	你經常被身邊的人鼓舞	他們所做的事有時候能讓你驚呆。你羨慕他們對工作執著的態度，你想要不惜任何代價支持他們讓他們能一直這樣充滿幹勁。你喜歡和他們作為一個團隊一起工作。一般情況下，當我們自我感覺良好的時候，我們也能看見別人的亮點。所以欽佩別人的工作的同時，你一定也喜歡自己的工作。
7	你發現自己從工作角度看待業餘生活	不在工作時間時，你不會嚴格要求自己想著工作。但如果你喜歡自己現在的工作，你就會在業餘時間也對工作念念不忘。你會發現自己在解決問題，腦力激盪時，思考生活中的事情是如何和工作上的事情連繫在一起的。就像牛頓和蘋果一樣，有時候最好的想法往往是在你遠離辦公場所的時候誕生的。
8	你不會在周日晚上焦慮不安	對於不喜歡自己工作的人來說，一周中的每一天都有不同的情緒。比如：周一是悲哀的，周三就減半了，周五就是最開心的日子了，因為離周末只有一天了，懶散地打發一下就過去了，周六大多都是在宿醉中度過，周日，好了，雖然這天也休息，但是卻可能是感覺最糟的一天，因為下一周不遠了。但如果你喜歡工作，周日就是完美的一天！就像一周其他幾天一樣。有時間照顧家裡的，和家人朋友度過有意義的一天，或出去探索一番，總是令人愉悅的。最激動的還是在周末恢復精力後又能回去工作了。

不怕幾萬次的拒絕

　　有一個老闆，問他企業裡那些銷售冠軍：「你們在面對客戶的多次拒絕，是如何說服自己沒有放棄的？」

　　他們的回答五花八門：

　　「為了生計，選擇留了下來，畢竟，業務做得好，收入還是可觀的。」

　　「天下之大，最不缺的就是人，你拒絕了我，我再找下一個人。」

　　「上帝為我們關上一扇門的同時，也給我們開啟了另一扇窗。」

　　「失敗是成功之母，沒有多次的失敗，何來的經驗和教訓？」……

　　他們慷慨激昂的回答，就像網路上那些正能量短文，讓人激動不已。

　　在我們短暫的一生中，愛賦予了生命絢麗的色彩。愛情中因為有愛，會讓相愛的兩個人變得無所畏懼；婚姻生活中因為有愛，家和萬事興黃土變成金。如果我們把愛融入到我們的職業中，那麼，我們還會害怕客戶的一次又一次拒絕嗎？

在銷售璀璨的職業舞臺上，正因為有愛，才產生了金氏世界紀錄認可的世界上最偉大的業務員——喬‧吉拉德（Joseph Gerard）。

「當客戶拒絕我七次後，我才有點相信客戶可能不會買，但是我還要再試三次，我每個客戶至少試十次。」這是喬‧吉拉德的職業名言。

當世界拳擊冠軍決定把他視為提高自己聲譽的沙包時，他內心那股永不服輸的精神才表露無遺，艱苦的訓練證實了一個男人在面對巨大壓力和挑戰時所應該展現的精神。與世界冠軍對戰的結果固然是失敗，但那種精神卻讓他贏得了榮譽。而這位青年就是著名的影星、導演、製作人兼作家——席維斯史特龍。

美國電影巨星史特龍在成名前，沒錢租房子，沒錢吃飯，只能睡在車裡，但他深愛著演員的職業，在愛的支撐下，他用身上僅有的一百美元來買紙筆，寫著在別人看來甚為可笑的「劇本」。

當時，紐約的 500 家電影公司，都拒絕了既沒有背景又長相平平，同時還咬字不清的史特龍。但他一邊接受別人對他的嘲笑和奚落，一邊拿著他寫的名為《洛基》劇本四處推銷。樂觀的他，每被拒絕一次，就記下來。

終於有一天，他在被拒絕 1,855 次後，遇到一個肯拍

《洛基》劇本的電影公司老闆，不幸的是，對方拒絕他在電影中演出的要求，面對史特龍這樣一個職業「業務員」，這算不了什麼。果然，在他的一再堅持下，對方答應了由他主演。

《洛基》上映後，獲得了 1976 年奧斯卡最佳影片等獎項。

愛能改變一切，如果我們能夠愛自己的職業，如果我們也能像史特龍一樣，在面對 1,855 次的拒絕後不會放棄，那麼，你也會像史特龍那樣成功的。

當你的銷售工作做得不順，想放棄自己的職業夢想的時候，多問問自己：「我被拒絕 1,855 次了嗎？」

越是業績顯赫的業務員，被拒絕的次數越多，只不過，他們是善於從被拒絕中學習更高更新的銷售方法或是警醒自己的態度和能力，每一位出色的業務員都經歷過無數次的被拒絕。

一位 65 歲的美國老人，發現自己有一份無形的資產 —— 炸雞祕方，於是開始四處兜售。但迎接他的是一次又一次被拒絕，然而老人並沒有沮喪，沒有止步，經過 1,009 次被拒絕之後，在第 1,010 次，終於有人採納了他的建議，從而也有了如今遍布世界各地的速食 —— 肯德基。1,009 次拒絕，你能承受嗎？

日本一位著名的保險銷售大師原一平身高只有 145 公分，在 27 歲以前還一事無成。後來他進入了一家保險公司，

花了 7 個月的時間才簽下了保險生涯的第一單。在入行初期，欠房租、睡公園是家常便飯，但他仍然堅持每天認識 4 個陌生人，從來沒有放棄。最終他成功了，成為日本有史以來最偉大的保險業務員。

記得我第一次推銷時，就被拒絕過 N 次。十個月零收入，可這個零的背後我沒有休息過一天，甚至一個小時，每天第一個到公司，和大樓打掃阿姨同時到，晚上和老闆一起凌晨才離開公司，剛開始我每天的目標是成為公司客源開發冠軍，見人就分享、開口就讚美、一轉話題就推銷，厚著臉皮，幾乎叫「掃街行動」、「擾人行動」。

那時，沒有太多熟人又不敢和熟人說，唯有陌生市場還有機會，加上成為客源開發冠軍是我在很多人面前被迫喊出來的目標。

我告訴自己「必須做到冠軍」。每天早上上班前和下班回家後，我會跟自己溝通：「我只有說到做到才有成功的機會和可能性。」

這些自我勉勵的話都是我從書上看來的，因為客戶從來不給我完整表達的機會就拒絕了我，所以，我告訴自己要堅持。

工作中，我花費比同事幾倍的時間找客戶、約客戶。在跟形形色色的客戶打交道時，無論客戶怎麼對待我，我都會

笑臉相迎。那個時候，忙碌一天的我，每天晚上都要抱著成功人士的書入睡才能不做噩夢！這讓我的口才和膽量得到了鍛鍊。

半年後的一天，有位拒絕我 N 次的客戶，在生日那天收到我親筆寫的情深義重的生日祝福賀卡和禮物後，她主動打公司電話邀請我和她的朋友們一起給她過生日。

她生日過後，就主動到公司簽了一筆大單給我，並且當著我們老闆的面真誠地對我說：「阿彬，你讓我很感動，你的勤奮，你的付出，你的努力，你的改變，這半年以來你很用心的和我交往，我拒絕你無數次，可你從來不生氣，依然面帶笑容從給我提供建議和服務，特別是我生日那天你真誠的祝福讓我很感動，我必須支持你！」

那年 11 月，我成為公司銷售冠軍。在此之前，我每天和 10 至 15 位陌生顧客用心交流，十個月後，有 300 多位準客戶被我至少邀請到公司三次，最多的有十幾次。他們大多是被我的誠意感動的。

我成為公司銷售冠軍後，薪酬達到了近 6 位數，登上公司舞臺那刻我開心的哭了，公司主管說我逆襲成為公司銷售部的冠軍是神話！笑話和神話最好的見證就是結果

作為業務員，我們必須要明白一個道理，客戶對你的拒絕，並不是針對你，而是一種習慣性的反射動作。就像我們

買東西都喜歡做兩件事，第一挑毛病，第二殺價，如果你沒有這兩個動作，店家都不相信你會買東西。

理查‧班德勒（Richard Bandler）是 NLP（神經語言學，Neuro Linguistic Programming）的創始人，世界 NLP 領域的最高權威，也是著名的催眠大師。一般說來，你只有遭遇了拒絕，才可以了解客戶真正的想法，拒絕處理是匯入成交的最好時機，他的口頭語是：沒有挫敗只有回饋。

在銷售的過程中，你只有被拒絕多次，才能分辨出客戶的精準需求，以及客戶喜歡的溝通模式，語氣語調，那種感覺，甚至分辨出哪句話既能讓客戶說「是」，又有利於導向成交，然後再精準匹配。

業務員是一件非常了不起的職業，能成功和諧有序地銷售更是一份綜合素養的表現，如果你能把銷售做好，你會發現你能做好很多事，讓你提升生活品質，這比一份普通的工作要豐富精采有價值 N 倍。

從這裡來看，銷售的過程，又是一個學習與人打交道的過程，要先向客戶學習，接納客戶的觀點、語言、習慣、愛好等，以此創造與客戶溝通的機會，並逐步獲得客戶的信任，然後再沿著共同認可的方向帶動引導顧客跟著我們的觀念走，這個過程和玩遊戲一樣，既好玩又能長智慧，特別是在雙方達成共識簽單的那一瞬間，你會感覺到工作的無限樂趣。

實際上，不僅僅是我們業務員，需要一次次被拒絕，我們的人生要想精采甚至逆襲，更是建立在一次又一次的拒絕上的。

在銷售過程中，遭到拒絕是司空見慣的，被客戶拒絕不一定是壞事，正確面對這些拒絕，想方設法讓客戶說出自己拒絕的理由，然後才能找出合適的解決方法，最終促成交易。

業務員在面對客戶的拒絕時，一定要設法讓客戶說出拒絕背後真正的理由。如果你只是一味地阻止客戶提出拒絕理由，就會引起客戶更大的不滿。所以，對於客戶的這種正常表現，業務員不僅不能阻止，還要想辦法加以引導，從他們提出的拒絕理由入手尋找其他說服他們的理由。

面對拒絕時，你正確的表現如表 1-2 所示：

表 1-2 應對客戶拒絕的方法

1	積極看待客戶的拒絕	客戶拒絕你的銷售是一種完全正常的反應，客戶提出的拒絕方式有很多種，而在種種拒絕方式的背後，其實又隱藏著各種各樣的原因：有的客戶對推銷活動本身有一種抵觸心理，所以自然而然地存在著一種防範心理，有的客戶對某些產品或服務存有偏見；有的客戶或許跟推銷員有過糟糕的合作，才讓他們對所有的推銷員有了偏見。要想走進客戶的心，需要你先了解客戶不願意購買的原因，從中找出對應的解決方法，這也是與客戶建立良好溝通關係、促成交易的關鍵所在。
2	客戶自然防範而拒絕你時	不僅僅是客戶，任何人面對陌生人都會有防範心理，特別是我們在與客戶溝通時，當我們漸漸占了上風，客戶會感到有心理壓力。這時，客戶會排斥我們說的話。假如你此時再讓客戶花錢買你介紹的產品，自然會嚇跑他們。所以，當你看到客戶對你有防範時，你就該適可而止，改變你的推銷策略了。好的方式是，你此時不要過多地談論你的產品，而是放低姿態，用輕鬆的語氣和話題減少客戶的緊張感。最好拿出一些實證來換取客戶的信任，比如，競品刺激。當客戶獲得了實證並放鬆了心情後，防範心理自然就會消除了。

3	客戶只想用藉口拒絕你時	當客戶用一些不便明說的理由拒絕你時，你最好不要尋根問底，而是採用換一種方式，比如，你可以對客戶說：「假如您擔心效果問題，那您儘管放心，我們有專業的客服顧問，能夠24小時為您提供高效服務。」「您的顧慮我可以理解，不過我想您在意的或許是其他問題吧。」這種軟恬的迂迴戰術有時會突破客戶的防線，會讓客戶主動說出真正想法。
4	客戶因主觀原因拒絕	當客戶因為一些主觀原因而拒絕你的產品，比如，他們說：「我個人不喜歡這種款式的商品。」面對客戶主觀色彩濃厚的拒絕理由，你要冷靜地對待，耐心地等待客戶發洩完後，你再用真誠和熱情的話來引導客戶進入愉快的溝通氛圍中。在說話時，你要對客戶的問題耐心地解答。當客戶看到你的寬容後，也不會再斤斤計較了。
5	客戶因客觀依據拒絕	有的客戶有足夠的冷靜和理智，他們拒絕的理由也很充分。此時，你要實事求是地對待客戶提出的問題，可這樣對客戶說：「一聽就知道您是這方面的專家，針對您提出的意見，我們一定會給以足夠的重視。但是，不知道您有沒有注意到，我們在另一方面……」先肯定客戶的意見，對客戶表示感謝，再想辦法把客戶的注意力轉移到產品的其他優勢上，引導客戶購買。

假裝久了，就真的愛上了

有一位銷售界的大咖在接受媒體採訪時，說道：「我曾經有過很多次想放棄的機會。特別是當我被客戶罵作『騙子』的時候，我覺得這個工作不是我這樣不善言辭的人做的。」

媒體問：「那後來是如何愛上這份職業的呢？」、「假裝熱愛自己的職業。」他如實回答。

媒體問：「假裝愛上自己的職業？不愛，又如何假裝，這不是自己騙自己嘛。」

面對他們的疑問，他把當年跟自己的職業「戀愛」的故事講了出來：

在我成為公司連續個人冠軍的第三個月，公司就把我調到分公司擔任銷售部總監。由於這個銷售部門剛剛成立，新聘的員工又都沒有經驗，所以，這個分公司的績效一直不理想，曾一度成為總部重點觀察的對象。公司還有高層提議，關掉分公司。

為了能讓這個分公司有一個全面的改觀，總部就調我過來任職，可以說是「臨危受命」。我是怎麼也不想去的。因為當時我在總部做得好好的，總部離我住的地方走路只要十幾分鐘，

我在這裡有很多客戶，即使我不用大量開發新客戶，只要我用心服務好老客戶，服務好其轉介給我的客戶，我的抽成也很高。

但是，公司高層人事的調動是公司穩步發展實現企業目標的重要決策，我作為公司的優秀員工，就要像軍人一樣以執行命令為天職，讓企業的重大決策順利實施。於是在幾經糾結後，我極其不情願地接受了公司對我的升遷，雖然老闆對我寄予了厚望，但是只有我心裡明白，我根本不會管理團隊，可是為了這份信任我唯有硬著頭皮接受了這份工作。至於能堅持多久，我心裡還真的不知道。

由於工作十分艱難，我堅持不下去了，就找公司的張總商量辭職一事。

「可以，那你不做了有什麼打算嗎？」張總沒有安慰我，也沒有要我調回總部。

「不知道。」我的確沒有想好。

「那你寫個辭職報告上來吧。」張總說道。

看著一臉淡定的張總，我反倒有點不知所措了。這時張總拿起他的筆記本給我看，本子上寫著「公司高層和優秀員工資料」，我隨手一翻就看到我的名字，認真一看，還有我的興趣、愛好、特長、生日，我在公司的每一個蛻變和成績，我的夢想……我內心湧過一股暖流：「張總，對不起，我不夠愛員工。」

「不，你也愛員工。」張總說，「只是不夠愛自己的工作。」

「張總，我覺得這一行太累了。張總，您當初是怎麼愛上銷售業，並且做了幾十年？」

「假裝愛上。」張總說，「說實話，當年我跟你是一樣的心態，一遇到困難就想辭職或是轉行，後來我覺得這樣並不能解決問題。就告訴自己推銷這產業滿好啊，當初選它就是因為愛它。這麼一想，我迅速調整心態，一邊堅持，一邊尋找解決的方法。說也奇怪，當我心態變了，在解決問題時也就快了。隨著問題的不斷解決，我的工作能力也得到提升。久而久之，我把對這份工作的厭惡轉變成了熱愛。現在，我再想起以前工作中遇到的那些困難時，非但不覺得難搞，反而覺得很美好。」

張總的話令他陷入沉思……他想起進入銷售業以來，他所遇到的種種坎坷和磨難，每一次闖過去以後，他都覺得自己得到了成長。

「其實我也很愛自己的職業。」他對張總說。

「還是不夠愛。」張總糾正他，「但你可以像我當年一樣，從現在起，假裝愛一次。在假裝之前，先羅列一些這份職業的優點。」

回去後，他依照張總的方法，開始羅列他從事推銷工作

以來，他的一些改變，請看表 1-3：

表 1-3 從事推銷工作前後的變化

沒做銷售前	做銷售工作以後
不會說話也怕在人前講話，一有心事就悶在心裡，碰到問題打死不說，糾結後直接想到最壞的結果，然後逃避、不開心活在自己的世界。	變得主動和陌生人說話，能言善辯，多大的糾結也不超過三天，遇到讓自己郁悶的事情時，積極主動想辦法解決；跟身邊的人產生矛盾時，本能不逃避而是透過溝通來緩和雙方的關係再找方法解決。
懶、光說不做。	一想到就行動。面對不同的挑戰時，不會輕易妥協，視挑戰為一件刺激好玩的事情，享受挑戰所賦予的一切。
怕花錢，捨不得花錢，一發完薪水就沒錢了，害怕租未來。	捨得花錢也有方法賺錢，越有能力工作的時間越長，賺的錢越多，享受更多，可以實現財務自由。
時不時有情緒，總是感覺到不快樂、不幸福。總想找人靠靠，可總是找不到人靠，還發現別人總是比自己幸福幸運。	當顧客買了我介紹的商品開心地離開後，自己會感到非常快樂；當顧客抱怨時，我為顧客抒解情緒的過程，也是創造讓彼此快樂的過程，當與顧客相視一笑時，我感到自己的幸福感滿滿的。發現越來越多人需要我，每一天早上帶著憧憬出門，晚上帶著滿滿的滿足感回家，每天感覺自己非常幸運幸福。總想幫別人。
幼稚，動不動就拍屁股走人。	變得成熟了，在困難和挫折面前，我變得很理智，能夠靜下心來思考、分析，然後全面考慮後再做決定。比如，我剛剛衝動之下動了離職的念頭後，會找老闆傾訴，同時能夠冷靜觀察老闆，聆聽老闆的話，為結果負責任、「臉皮厚」、「沒心沒肺」。

　　他看著自己寫進表裡的文字，一行一行地讀著，他對管理新員工思路越來越清晰：

　　他怎麼捨得離開這份做了好幾年的職業，工作帶給他的快樂，遠遠地勝過所受的苦啊。在心裡，它已經變成了他的事業。他今天在任何場合，面對任何優秀的客戶都能和諧愉快地溝通。就是這份職業帶給他的。他這麼想著，甚至在心

裡笑自己怎麼會有「離職」的念頭。由此我得出，他是真的很熱愛這份工作的。

他還想起和同事一起工作的日子，我們有困難一起解決，有快樂一起分享。他問自己：「老天憑什麼給我這麼巨大的禮物和驚喜？！我要回報，我必須愛我員工，愛我的職業，和他們一起，享受工作的快樂！」

從那以後，他對這份工作重新投入了熱情。同時，這種積極快樂的情緒深深地影響著他團隊裡的員工和客戶顧問，在這種充滿正能量的磁場裡，他所在的部門每天都是歡樂和諧，開發客戶都變得很快樂很簡單，銷售活動也自然而然越來越多，業績不知不覺每天每月都在增長，半年後他們分公司最終成為集團的分公司冠軍，當年他也被評選為集團最優秀的冠軍總監。

有一次，我在參加企業家大會期間，跟幾位企業家朋友聊天時，我驚訝地發現，他們和我一樣，都是業務員出身。三句話不離本行的我們，在談到自己的職業時，一下子有了話題，我們滔滔不絕地講著，言語間透露出對推銷工作的熱愛。

「你是如何在幾十年中堅持下來的呢？」我問其中一位事業有成的企業家。

「開始是假裝愛上我的職業，結果就真的愛上了。」他回

答道。接著講起他的故事：

他剛畢業時，和我們所有的人一樣，由於沒有工作經驗，在短時間內難以找到自己感興趣的工作，於是，他就想先找一份工作立足，想說等有了經驗後，再轉行做自己感興趣的工作。

「事實上，人是活的，職業也不是死的。」他說道，「我開始做業務員時，心裡煩透了。特別是在客戶那裡屢次吃了閉門羹後，更堅定了我轉行的決心。我在心裡對自己說，業務的工作，簡直是在折磨人，等我做完這個月，拿到薪資後就辭職。我以後就是流浪街頭，也不會再做這份工作了。」

打定主意後，他再工作時，就不像以前那樣有衝勁了。

事有湊巧，因當時是 12 月底，他們公司舉辦了年終晚會，正是這次晚會，讓他對這份工作有了轉變。

那天晚會上，公司規定每個新員工必須上臺分享工作感言。

當著公司主管的面，他像其他新員工一樣，上臺後講著違背自己真實想法的話：

「我之所以選擇這一行，是因為我喜歡做業務。」他慷慨激昂，還舉了以前從書上看來的那些推銷大師的例子，比如，原一平、湯姆·霍普金斯（Tom Hopkins）、克萊門特·史東（Clement Stone）等國外著名的推銷大師。

「你把你喜歡推銷的理由講給我們聽吧。」公司的董事長在聽了他的演講後，饒有興趣地問道。

他一時呆住了。好在他非常機智，在愣了幾秒鐘後，他拿出剛進入銷售業時的熱情，侃侃而談：「我覺得，任何工作都屬於銷售的範疇。比如那些作家、畫家，他們銷售的是嘔心瀝血創作的作品，如果寫不好、畫不好，他們就無法用作品拿到錢；當主管的、做技術的也都是這個道理，他們銷售的是他們的管理、技術，主管把他們『管人』的方法銷售出去，就有人為他們服務；做技術的技術再好，他們的技術若不被人認可，也沒有價值。我總結了一下，我這幾個月的銷售業績不好的原因，就是我還不會向客戶推銷自己。」

董事長帶頭鼓起了掌。

「接下來我要做的就是，先愛吃了很多苦頭依然堅持在銷售職位上的自己，再愛這份鍛鍊了我的推銷職業。」

他說完這句話，臺下爆出雷鳴般的掌聲。

自從這次弄巧成拙的演講後，他成為公司的「名人」：董事長開始關注他，他的直接上司開始關注他，同事們開始關注他。而他這個「假裝愛自己職業」的人，也在這麼多人的「關注」下，逼著自己「真的愛上了」這份曾讓他發誓「流落街頭也不想做」的工作。

後來的事情，正如大家所料，他真的愛上了銷售業，隨

著他對工作的熱情增加，他的銷售業績也提升上去了。第二年年底，他作為公司年度的銷售冠軍，在公司百人的大會上講他的「銷售」經驗。

他感慨地說：「這一次的談話中，我屢次強調我們要愛自己的職業時，那可是發自內心啊。」

如果你是業務員，在看到這裡時，如果你現在還不愛你的職業，但又不想離開，那麼，就試試他們的辦法：假裝愛上你的職業，在紙上羅列出職業帶給你的種種好處，久而久之，說不定就真的愛上了。

在愛情中，當你對一個人假裝感興趣時，就會不由自主地打探對方的訊息，天長日久，就真的對他（她）感興趣了，然後就愛上了。

在婚姻中，這種狀態，叫先結婚，後戀愛。你假裝關心、愛你的另一半，當他是最好的，眼中心中只有他，無論別人多好你依然把他當成唯一，把當下的他想像成你心中理想的伴侶的樣子，呵護他，認可他，拿最好的給他，隨著你不斷地付出愛，你會發現，你很在乎這個人。久而久之，他就能感受到你的愛，再引導他珍惜這份愛，互動這份愛，然後就有可能成就一個驚天動地的愛情故事，說不定你們就真的成了一對執子之手，與子偕老的恩愛夫妻。

有人說，在人生的谷底時，你假裝幸福，就會幸福；每

天早上，你心情不好時，哼哼歌，假裝高興；每天下班後，單身的人感到太孤單時，就為自己做兩個小菜，假裝心中愛戀的某個人在身邊，你就不會孤單了。

不管準不準，反正你待著也沒事，可以嘗試一下嘛。

古人云：「吃得苦中苦，方為人上人。」如果做業務是一件很吃苦的事情，那麼可以說它也有機會讓你出人頭地。

當你選擇了銷售業，如果你不想安分守己、碌碌無為地過完這一生，你除了直接面對你的工作，恐怕也沒有多少其他的選擇。不過你一定要明白，做好業務工作不僅可以讓你直接賺到錢，更重要的是，它會改變你的思路和眼界，讓你的思維緊跟時代的脈搏，永遠走在社會的最前端。

我們到任何一家公司，無論我們做什麼，我們都是直接或間接地為公司創造效益。當我們為公司創造的價值越來越多時，隨著我們越來越優秀，就會出現兩種結果：一種是公司為了留住你，幫你加薪；第二種是，公司若不加薪，你可以辭職去找與你價值相符的公司，或是被更好的公司高薪挖走。

如果你能夠在工作中做到這樣的「優秀」，說明你在職業中「完美」地向人們銷售了你的「才情」。

這就是為什麼很多人在不情願中選擇銷售職業後，會在抱怨中與從事的職業相怨相煩後再相愛。漸漸的，就沒來由地愛上了。

核心競爭力：完整的售後服務

有一次，小李在給某公司的銷售部講課時，在課間做了一個小遊戲，讓他們自願成立五個小組，然後我們每人出一百元，一共是 4,000 元。

小李對他們說：「你們這五個小組成員，現在用通訊軟體向你們的潛在客戶推銷公司的產品，哪個小組推銷的產品購買率高，哪個小組就能得到這 4,000 元獎金。截止時間到下午五點。」

秉持著公平競爭的原則，不能求助親朋好友，且活動結束後，客戶的退貨率不能超過百分之五。

俗話說，重賞之下，必有勇夫。遊戲一開始，他們就拿起手機，向自己的潛在客戶推銷產品。

到了下午五點，我們選出了購買率最高的小組，這個小組以客戶購買 30 萬元，拿走了 4,000 元獎金。

他們是如何在短時間內說服了那些潛在客戶呢？下面，我們就讓這個小組中的銷售冠軍，來談談他的經驗。

「我眼中的銷售工作，就是愛的傳遞：我們喜歡的產品賣得最好，這個產品的款式不一定最好，性價比不一定是最

高，但是我們對它付出的愛卻是最多的，客戶對產品的了解是有限的，客戶最直接的感受，是透過你的眼神和語言傳遞出來的愛，這份愛裡藏著相信和超值，這份相信的力量鑄造出的愛具備一種神奇的力量。」

小組中的銷售冠軍叫 A，他一開口就說了這句話。接著，他講了下面的故事：

我向客戶推銷公司的產品時，會先仔細了解產品，分析這個產品能為客戶帶來什麼實質性的好處。我堅信，我們對產品有多麼專業和自信，客戶就對我們有多麼相信。其實，我們對產品的自信，來自於客戶用完產品的回饋和自己對產品的了解，是一種真實感受的傳遞，不能自欺欺人。我們心裡承諾要把產品做好，把售後做好。客戶會被我們的信念和自信感染，直接相信我們，購買我們所推薦的產品。

我印象中最深的一件事是，有一次，我接到一個客戶的電話，是一位阿姨，她告訴我，她兒子在我們這裡幫她買的飲水機，剛用了一天就壞了，讓我去看看。

接到電話後，我查我的客戶名單，怎麼也找不到這個客戶的資料，我在確定她不是我的客戶的情況下，還是抽出時間趕了過去。

我過去後，她告訴我，飲水機的電源壞了，後來發現，是她家的插座壞了，我一邊幫她換插座，一邊教她怎麼正確

使用飲水機。同時告訴她，如果在使用過程中出現了問題，就馬上打電話給我，我們會送一套新的產品給她，她非常感激……那天，這位阿姨有點內疚地對我說，她兒子一家在外地工作，一年中只在春節時回來，平時她一個人在家，感到孤獨、寂寞。飲水機是兒子請朋友幫忙買的，她發現飲水機壞了，打兒子朋友的電話，對方有事無法來，她就在我們公司的宣傳單上隨便找了一個電話號碼，本來不抱什麼希望，沒想到我這麼快就來了。

我耐心地聽她講話，臨走時，我把她的電話、地址登記下來。

得知她的情況後，我把她的資料寫在我的客戶名單的第一頁，隔幾天就打電話給她問候，每次她都很開心。有時候經過附近還買點水果去看看她，聊聊天就走。

一年後，我接到她的電話，她說幫我介紹了幾個客戶，這些客戶中有兩個是她的鄰居，有幾個是她的朋友。我在向她表示感謝時，她笑著說：「我應該感謝你啊，是你讓我不尷尬、有了溫暖，同時你把產品介紹的那麼好，我就用過後覺得確實好用，才開心的分享給親戚朋友的。」停頓一下，她又說，「更讓我感謝的是，你時不時地打電話給我、抽時間來看我，讓我不孤獨，在我心裡我早就當你我的孩子。我的孩子我當然要幫忙了」

我聽著阿姨的話，感動的一句話都說不出來，突然感到眼睛有點溼潤，第一次感到，銷售其實就是愛和溫暖的傳遞。不持久的銷售就是：成交的時候客戶服務很好，過後就把客戶忘了，所以客戶也早已把我們忘了。我們只有發自內心地牽掛著客戶、關心著客戶（找對客戶），節假日、生日發簡訊，打電話，抽時間把客戶想要的禮物送過去，再陪聊，客戶自然會成就我們，他們在認可我們的產品的同時，更認可我們的處事方式，自然會幫我們轉介其他客戶。

他講完後，總結道：「以此類推，我們的銷售工作，就變成了愛的互動和延展！」

他的潛在客戶，就是他客戶的親朋好友。這樣的客戶，相當於現在一些明星的忠實粉絲。

有這樣一批潛在客戶支持他，銷售冠軍自然非他莫屬！

對於銷售的定義，大家很贊同 A 的觀點。早在幾年前，大家就把銷售比作是愛的互動和延展。即，愛你的產品，更愛你的客戶，把你所愛的品質好的產品「送」給你愛的客戶後，做好服務再感動你的客戶忍不住幫你宣傳介紹，而你也回饋給客戶更多的驚喜。這樣就形成了一個愛的循環。

古人說：「流水不腐，戶樞不蠹」水和門是這樣，愛也是這樣，愛的流動自然能量和磁場越來越好，你業績和影響力也就越來越棒！

　　銷售的最高境界是享受銷售：我們不只是為了業績，為了賺錢，更是在享受銷售過程帶來的樂趣，我們不顧一切的投入工作不會覺得累，而是覺得很美。同樣，急功近利往往不會得到客戶的認可。

　　為什麼現在大多數人不喜歡被推銷，因為大多數業務員推銷的產品都是有問題的，讓顧客受騙了，因此顧客從此把推銷和騙子連結，所以才這麼討厭推銷。

　　我始終相信，在銷售界，以後的競爭核心力，除了產品的品質這是基礎核心外，剩下的核心價值就是：公司業務員的提供給客戶的附加價值和服務。

　　業務員一定要明白，銷售是信心的傳遞，愛的互動，情緒和情感的轉移，是企業存亡的關鍵，更是顧客獲得產品價值的管道和橋梁，我們跟客戶的成交一切都是為了愛。

　　我們要想讓顧客相信我們，我們就得在服務、品質和附加價值上下功夫。時刻記住，我們銷售的不是產品，我們銷售的是產品的價值和利益，必須讓客戶明確地認知到，產品的價值和利益能滿足他什麼需求？能點燃和引爆他潛在的什麼價值，我們的互動能幫助他產生那些更大的價值！

職業規劃，全力奔向目標

如果我們能夠把身心靈全力用在事業和工作中，那麼你
即使成不了產業內的翹楚、大咖，也會在多年的堅持和努力
後，收穫一些碩果的。

我們在工作中，如果能夠使盡全力，絕不會是現在的這
種動不動就辭職、就轉行的工作態度。這句話不只是說說那
麼簡單，必須要付諸於實際行動。

1997 年，是我從事銷售業第二個年頭，在經過十個多
月近 300 天沒日沒夜的奔波後，我在第十一個月時，為公司
簽了第一筆超過百萬的大單。在十幾年前，我的業務抽成是
10%，也算一筆巨款了吧。就是從那時起，我開始為自己的
職業做規劃，如表 1-4：

表 1-4 個人職業規劃表

1	一年內成為公司的個人銷售冠軍。
2	二年內成為分公司團隊冠軍。
3	三年的時間自己的諮商管理公司簽約的客戶（訓練或輔導）涵蓋10個行業超過300家企業。
4	五年的時間為100個平臺或輔導或訓練或營運。
5	十年必須出書，成為行業有影響力的領袖。
6	終身修練，讓自己成為家族的驕傲，成為家族的標竿。

　　我把這個目標用圖畫出來，並用不同顏色的筆寫好後貼在床頭，實現一個目標就劃掉一個。

　　就是這個床頭目標，約束著我，不管我在工作上取得多大的成就，或者有多少誘惑，或者經歷怎麼樣的挑戰，我都不敢懈怠、迷惑、鬆懈。

　　在我從事二十多年的銷售工作經驗裡，我覺得比才華更重要的，是定位、專注、專業、堅持甚至足夠的耐心和體能的儲備。它們是讓我們邁向達標的所有條件。

　　然而，我在工作中發現，在所有條件中，最為重要的是勤奮、努力和堅持，正因為有它們存在，才讓我們的才華和定位變的有意義。

　　二十多年來，我目睹了無數的人被才華毀壞了人生，他們才情橫溢，智商絕高，在尋常人中隨便一站，便會發出光來，但在時間的煎熬下，光芒日漸黯淡，最終歸於云云眾生。

　　為什麼會這樣？

　　因為他們沒有真的使盡全力。

　　曾經在一家上市公司看到醒目的一句話：為使命工作而非為金錢工作。

　　每個人來到這個世界上，都是帶著使命來的，把自己的價值發揮到最大，才可以稱的上是有意義的活著，才是不虛此行。那麼如何活的有意義呢？

答案就是，我們對工作要熱愛、勤奮，要努力，並且在工作中不斷提升自己的學識和能力。不要為了薪水而工作，工作固然也是為了生計，但是，比生計的目的更為可貴的，就是在工作中可以發掘自身潛力，發揮自己的才幹，活出老天爺的期待、家族的驕傲、最美好的自己！

曾經有人做過一個調查，在被調查的 10 萬名 70 歲以上的老人中，77% 的老人面對自己曾經走過的一生回答：自己年輕時不夠努力，不敢承擔更大的責任，沒有活得更精采！回顧一生我這輩子太普通太平凡了沒有一點成就，唉，後悔啊！希望兒女活出自己……」當你看到白髮的老人一臉的遺憾和後悔，你就知道真的使盡全力的意義和價值了。所以當你抱怨你總是達不到工作目標時，請認真問問自己：

「我在工作中真的盡力嗎？」

小強是一個富二代，家族是做餐飲服務業的。他父母想讓他去家裡的餐廳幫忙，但他就喜歡做業務，他深知做業務的艱辛，要想做下去，必須咬著牙堅持。

在做業務前，他為自己制定了短期目標和長期目標，並且為每次目標規定挫折的次數，每接受一次挫折，他就記下來，分析他能堅持下來的原因。

幾年後，小強還真的在銷售界做出了一番成就。為此，他總結道：「我們既然選擇了從事推銷這個產業，就要堅持

下來。當我們想放棄時，就這樣問自己：『如果你連一件商品都銷售不出去，你怎麼能成功的銷售自己？如果你連自己都銷售不了，你做什麼事情能夠成功呢？記住，銷售就是人生。你可以逃避銷售工作，但你能逃避人生嗎？』」

小強的話說得非常對。在我看來，我們從事銷售工作，目的就是向周圍的人推銷我們自己。如果周圍的人在我們的遊說下，願意買我們推薦的產品，請記住，那不僅僅是因為他喜歡這款產品，更多的是「喜歡」我們這個人！

當我們邁進業務員這個魅力產業的時候，應該恭喜自己，因為我們得到了一個有助於磨練自身社會生存能力的寶貴機會。

不管我們選擇什麼樣的生活，都會遇到坎坷和挑戰，銷售工作更是如此，會讓我們在工作過程中遇到各式各樣的問題。然而，正是這些問題的出現，才讓我們心胸越來越寬廣，心智越來越成熟，解決問題的能力和綜合素養也越來越強，特別是當你邁過這道坎的時候，也就意味著你的銷售水準提升到了更高的層次。

實際上，這個世界上的任何成功，都是銷售的成功，縱觀這個世界上各行各業所有最有成就的人，他們的成就都來自於銷售的基本功。換句話說，銷售是各行各業成功人士的基本功。

　　日本的經營之神松下幸之助是從業務員做起的；臺塑集團創辦人王永慶也是從業務做起的；美國蘋果公司創辦人賈伯斯也是從業務做起；比爾蓋茲大學二年級就休學，創辦微軟之後，也是從業務做起……可以說，世界上的各行各業，幾乎每一個有成就的人都是從業務做起的。

　　銷售業是一個充滿著未知而又充滿著挑戰樂趣的職業，你想要從普通到優秀，從優秀到卓越，從卓越到出色，從出色到成功，你就得使盡全力奔向你的職業目標！

第二章

與客戶的心靈對話

越厲害的業務員越會說話

　　眾所周知，銷售過程是一個說服客戶的過程，在這個過程中，客戶能否接受你的觀點，看你怎麼跟客戶說。一流的銷售高手不一定能說會道，但一定要是說話的高手。

　　業務員跟客戶交流，看似是交流感情，但在銷售過程中，更多的卻是在推銷自己的觀點，是認同、是接納、是成交，所以，銷售的過程即是說服的過程。

　　業務員要想讓客戶跟你一見面就有好感，自然是在說第一句話時，讓他得到利益或者好處，這種利益或者好處，除了金錢外，他們當下最需要的是業務員對他們進行精準的說服，而銷售方案是幫助他們解決當下最大的麻煩或者問題。

　　業務員小華談的第一筆大單，就展現在會說話方面。

　　他第一次見到客戶，就說：「梁老闆，我今天來你這裡，是給你帶財運來了。」

　　梁老闆經營著一家日用百貨批發行。

　　原來，在見梁老闆之前，他就打聽了客戶的資訊，梁老闆正在跟旁邊的同行打價格戰，爭搶客源。他不知道同行的進貨管道，但是同行的商品價格都比他家的低，連他的一些

老客戶也跑到旁邊的同行那裡去了。

此時，梁老闆正為生意冷清苦悶。聽了小華的話，梁老闆眼前亮了一下，隨即又拉下臉來，說：「別提什麼財運了，我最近倒了霉運。」

「俗話說，風水輪流轉，這風水現在轉到你這裡來了。」小華笑哈哈地說，「我代表我們公司，跟你來談一個專案，我手上有幾箱日用品，都以最低價給你。即使你每盒賺 10 元，價格也比隔壁的同行低很多。」

小華說著，向梁老闆報了一個最低價，梁老闆一聽，連聲說：「謝謝謝謝，你這幾箱貨真是及時雨。現在冬天到了，可是賣日用品的旺季啊。」

梁老闆一口氣要了四箱日用品。

我們做業務的一定要學會跟客戶說話，按照客戶說話節奏、需求，說客戶無法拒絕的話，客戶愛聽的話。那麼，什麼是客戶無法拒絕同時還是愛聽的話呢？

自然是關於錢的，關於如何幫助他企業開源節流的話。在這個世界上，幾乎所有的人都對錢感興趣，連孩子和老人都喜歡錢。

客戶當然不例外。

如果你在跟客戶說話時，一開口能讓客戶感到你的產品能幫他省錢，他自然樂意與你談下去；若是你的產品能讓他

賺錢，那麼我保證客戶會當即拍板買你的產品。

我說的那些「讓客戶跟你一見鍾情」，其實就是「我讓你們半年內拿到訂單」，或是「讓你一年內會賺到多少錢」的話，都是客戶想聽的話，相信客戶聽後會跟你們一樣，急不可待地想著聽下面的話。

「美女，你的皮膚很細膩很白，如果再配上我們這款深度補水鎖水的產品，就像個洋娃娃了。」

「帥哥，你氣質非凡，如果穿上我們店裡新推出的這款上衣，保證回頭率百分百……」

當你走在大街上，聽到有人這麼對你說話時，即使你對這些業務員很反感，但聽了這些話，你心裡還是會很高興的，如果對方不僅熱情還會專業溝通，你可能就跟對方聊開了，銷售就是這樣不經意間產生了，這就是語言的魅力。做業務更要懂得使用語言的優勢，你想要讓客戶耐心地聽你說下去，必須了解客戶的性格、需求，說一些客戶愛聽的話。

你可能會問：「客戶那麼多，怎麼知道客戶喜歡聽什麼話？」

那就要提前做功課，人的溝通模式分幾種類型？不同年齡不同職業不同類型他們平常喜歡如何穿衣打扮？他們的生活圈裡認同誰？他們業餘生活如何度過？他們職業生涯可能會碰到什麼困惑？他們經常會出現在哪裡？他們的語言模式

是怎麼樣的？有哪些口頭語？有哪些忌諱？等等。

在大街上推銷，見到年輕女子叫「美女」，年輕男子叫「帥哥」；見到年齡人些的人，叫「叔叔」或是「阿姨」，看到長的像老師的叫聲「專家」或者「教授」，長的像主管的叫聲「老闆」，潛意識你要和他互通，你能感知你們很熟，只是很久沒見面了，所以誇誇他們內在的氣質和獨特的特質，這樣才能快速建立親和力，有了熟人的感覺才不會抗拒你，你才有機會和他繼續聊開來，然後根據他的回應選擇他喜歡的方式深度溝通，當情緒熱烈，客戶感覺很放鬆很開心的時候再引導到我們要推薦的產品上就水到渠成了。

小陳經營一間工廠，他與一個客戶合作了很多年，同樣的貨物，這個客戶的貨比別人的貴一些。但小陳就是喜歡跟他合作。為此，家人和股東對此感到不解。

直到有一次，家人聽到那個客戶跟小陳說話，才明白了小陳願意跟這個客戶合作的原因。

「陳總啊，您這個人就是豪爽義氣，在三國時期，您就是那個義氣衝天的關雲長啊，對朋友太好了。您開價吧，我寧願少賺點錢，也得跟你交朋友。」

聽了這個客戶的話，小陳臉上笑成了一朵花。

既然被客戶誇成了「講義氣」，小陳當然不會不對朋友好。

　　每個人都喜歡聽讚美認可的話，客戶也不例外，所以，跟客戶說話時，適當地誇張一點，客戶一般是會領情的。如果你讚美他的話比較到位，對了他的心，合了他的意，他是不會讓你吃虧的。

　　小祥是一個公司銷售部門的總監，他做業務才兩年，就有了很多忠實客戶，這些忠實客戶，像粉絲一樣，對他十分信任，外加崇拜。個個主動要求加他的社群軟體，任何一個商業動態，他都要發在社群平臺上。新產品上市更是第一時間上傳，他就在社群平臺上跟客戶互動。

　　他是怎麼擁有這些好客戶呢？

　　非常簡單，就是透過朋友、鄰居、親戚的介紹，說是親朋好友介紹的，還是有點牽強。其實就是他從親朋好友的社群平臺裡找來加的。

　　每次加對方為「好友」時，他會說：

　　「我是某某的親戚（或朋友）……」

　　等對方加他為好友後，他馬上關注對方，為對方互動式點讚，同時在對方的貼文裡獲得對方更多精準的需求資訊，然後和對方聊，當聊開了時候再專業介紹對方需要的資訊，對方聽完都會忍不住追問有適合他的嗎？在和客戶聊產品知識，永遠都是客戶自己選擇自己要的，他只是客戶的專業分析師而已。

因為是「熟人」介紹的，對方不會拒絕加好友，同時溝通也會變得很客氣，溝通的過程中也會有耐心，加上社群平臺上互動式點贊，精準收集資訊，用心找出適合對方需求的產品，深度溝通，讓銷售變得容易很多，碰到客戶心血來潮，立刻下單的也有。

小祥用的是一種迂迴戰術，當客戶得知對方是雙方共同的朋友時，會有一種「不看僧面看佛面」的心理，假如你此時再說一些客戶喜歡聽的話，那麼客戶會把你當成朋友的。

我們在使用這種方法時要注意，一定要確有其人其事，絕不可以讓自己杜撰，要不然，客戶一旦發現，就會露出馬腳，導致後面的機會都沒有了，你成了客戶眼中的騙子。那就得不償失了。為了快速建立信任度，如果你們共同的朋友能給予你隆重的介紹和推薦，那效果會事半功倍。

與客戶在一起時說一些令他舒服的話、滿足他需求的話，你們的合作就成功了一半。所以，做業務，一定要把話說到位，說得恰到好處，就能取得客戶的喜歡與信任。讓我們在銷售過程中獲得優勢，跟客戶說話，除了上面的幾種方式外，還有以下幾種，如表 2-1：

表2-1 取得客戶信任的說話技巧

說話時引起對方的好奇心	心理學上說，好奇是人類行為的基本動機之一。所以銷售員可以利用人人皆有的好奇心這一特點，來引起客戶的注意。比如，一位銷售員對客戶說：「小齊，你知道世界上最懶的東西是什麼嗎？」客戶會感到很好奇，這位銷售員繼續說，「就是你藏起來不用的錢，你本來可以用它們來購買我們的空調，讓您度過一個清涼的夏天。」再比如，某地毯銷售員對客戶說：「每天只花不到一塊錢，就可以在您的臥室鋪上地毯。」客戶會對此感到驚奇，銷售員接著講道：「您臥室7坪大小，這塊地毯的價格為每坪200元，這樣共1,400元，我們的地毯可用5年，每年365天，這樣平均每天的花費只不到一塊錢。」銷售員要學會先製造神秘氣氛，引起對方的好奇，然後，在解答疑問時，再很有技巧地把產品介紹給客戶。
說話時為客戶提供真實案例	人們的購買行為常常受到其他人的影響，銷售員若能把握客戶這種心理，好好地加以利用，一定會收到很好的效果。比如，我們可以這樣對客戶說：「蘇廠長，XX公司的梁總採納了我們的建議後，公司的營業狀況大有起色。」最好以著名的公司或客戶為例，這樣可以壯大自己的聲勢，特別是如果我們舉的例子，正好是客戶所景仰或性質相同的企業時，效果就更為顯著了。
說話時向客戶提問	銷售員可以直接向客戶提出問題，利用所提的問題來引起客戶的注意和興趣。比如：「張廠長，您認為影響貴廠產品品質的主要因素是什麼？」產品品質自然是廠長最關心的問題之一，銷售員這麼一問，無疑於會引導對方逐步進入面談。在運用這一技巧時要注意，銷售員所提的任何問題，都是客戶最關心的問題，提問必須明確具體，不可言語不清楚、模稜兩可，否則，很難引起客戶的注意。
說話時善於向客戶提供資訊	銷售員可以向客戶提供一些對客戶有幫助的資訊，比如，市場行情，新技術、新產品知識等，會引起客戶的注意。這就要求銷售員能站到客戶的立場上，為客戶著想，平時要多閱讀報刊、新聞，掌握市場動態，充實自己的知識，把自己訓練成為所從事行業的專家。客戶或許對銷售員應付了事，可是對專家則是非常尊重的。比如，我們可以對客戶說：「我在某某刊物上看到一項新的技術發明，覺得對貴廠很有用。」銷售員為客戶提供了資訊，關心客戶的利益，也獲得了客戶的尊敬與好感。
在說話過程中帶著求教的語氣	銷售員也可以利用向客戶請教問題的方法，來引起客戶注意。有些客戶好為人師，總是指導、教育別人，或彰顯自己。在面對這種客戶時，銷售員可以有意找一些不懂的問題，或裝作不懂向客戶請教。一般客戶是不會拒絕虛心討教的銷售員的。我們可以這樣說：「張總，在電腦方面您可是專家。這是我公司研發的新產品，請您指導，在設計方面還存在什麼問題？」受到你的抬舉後，對方就會信手接過資料，一旦被先進的技術性所吸引，銷售成功的機會就很大。

業務員在跟客戶說話時，要注意的事項，如圖 2-1：

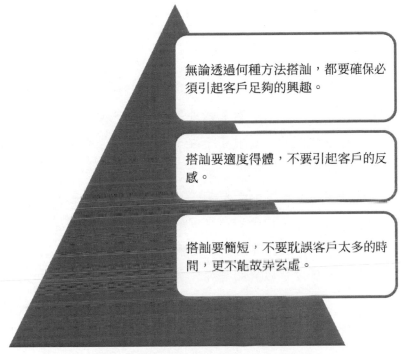

無論透過何種方法搭訕，都要確保必須引起客戶足夠的興趣。

搭訕要適度得體，不要引起客戶的反感。

搭訕要簡短，不要耽誤客戶太多的時間，更不能故弄玄虛。

圖 2-1 業務員跟客戶說話時要注意的事項

以禮貌拉近與客戶之間的距離

　　大衛是一家公司銷售部的副總。二十多年前，他第一次上街頭推銷時，看到一對夫婦帶著一個孩子在某商場的廣場上玩。孩子很頑皮，他就溫和地對孩子說：「地上滑，你這個小男子漢要注意一點啊。」

　　在跟客戶聊天時，他又談起了孩子。

　　事後他總結，孩子都是自家的好。特別是對於那種帶著孩子的客戶，你就多聊孩子，順著客戶的話講下去。

　　就這樣雙方越談興致越高。因為聊得來，雙方還互留了連繫方式。在說到彼此的工作時，大衛順便說了自己就職的公司，請他們有需要就找他，於是他又順便說了要推銷的產品的功能性。

　　「跟客戶把感情談好了，也算是抓住了客戶的心。」這句話，在國外的銷售界，更是成為銷售大師們常用的推銷手段。

　　由於大多數客戶對推銷均抱有牴觸心理，所以當很多業務員滿懷熱情地去銷售產品時，常常是剛開口就遭到了拒絕，那麼我們該如何做，才能避免一開口就遭到客戶的拒絕呢？

既然客戶強烈排斥推銷，那麼我們也可以先保證不談銷售產品的事，先爭取客戶的好感與信任，那麼再談推銷就容易得多了。比如，我們可以這樣說：「我只占用您 10 分鐘的時間就可以了，與您交流一下，我保證在這 10 分鐘之內會帶來令你驚喜的產業最新資訊……」

美國著名的保險業務員喬‧庫爾曼（Joe Culmann）在 29 歲時就成為業績一流的業務員。

有一次，喬‧庫爾曼想拜訪一個叫阿雷的客戶，這位客戶可是個大忙人，他每個月至少飛行 10 萬英里。喬‧庫爾曼在去之前，給阿雷打了個電話。

「阿雷先生，我是人壽保險業務員，是理查先生讓我連繫您的。我想拜訪您不知道可不可以？」他在電話上說道。

「是想推銷保險嗎？已經有許多保險公司的業務找過我了，我不需要，況且我也沒有時間。」

「我知道您很忙，但您能抽出 10 分鐘嗎？10 分鐘就夠了，我保證不向您推銷保險，只是跟您隨便聊一聊。」他再次懇切地說。

「那好吧，你明天下午 4 點鐘來吧。」對方終於答應了。

「謝謝您！我會準時到的。」

經過喬‧庫爾曼的爭取，阿雷終於同意他拜訪的請求。

第二天下午，喬‧庫爾曼準時到了阿雷的辦公室。

「您的時間非常寶貴，我將嚴格遵守 10 分鐘的約定。」
喬‧庫爾曼非常禮貌地說。

於是，喬‧庫爾曼開始了盡可能簡短的提問，讓阿雷多
說話。10 分鐘很快就到了，喬‧庫爾曼主動說：「阿雷先生，
10 分鐘時間到了，我得走了。」

此時，阿雷先生談興正濃，便對喬‧庫爾曼說：「沒關
係，你再多待一會兒吧。」

就這樣，談話並沒有結束，接下來，喬‧庫爾曼在與阿
雷先生的閒談中，又獲得了很多對銷售有用的訊息，而阿雷
先生也對喬‧庫爾曼產生了好感。當喬‧庫爾曼第 3 次拜訪
阿雷先生時，順利地拿下了這張保單。

業務員跟客戶見面但不談銷售，可以避免自己的銷售行
為被客戶扼殺在搖籃中，而且也能了解到更多的客戶訊息。
喬‧庫爾曼秉持著這一原則，在第一次見面中沒有談銷售，
從而消除了客戶的警戒心理，也因此確保了和客戶面談的機
會，同時也贏得了客戶的好感。

所以，我們在第一次與客戶見面時一定必須注意以下幾
點，如表 2-2。

表 2-2 第一次跟客戶見面時要注意的事項

1	遵守諾言，不推銷	如果我們事先與客戶講好不推銷，就一定要遵守諾言，除非客戶自己主動提出，否則不要向客戶口若懸河地介紹公司產品以及相關的內容。你一旦違反諾言，就很難再獲得客戶的信任了。
2	說話語速不能過快	語速不能過快，你說話太快，既不利於客戶傾聽和理解，也不利於談話的進行。因為語速太快會給人一種壓力感，似乎在強迫客戶聽我們講話。
3	別占用客戶太多時間	你跟客戶說占用對方幾分鐘的時間，就占用幾分鐘，盡量不要延長，否則客戶不但認為我們不守信用，還會覺得我們喋喋不休，這樣一來，下次我們再想約見客戶就很難了。當然，如果客戶談興正濃，提出延長時間，你要給予積極的配合。
4	從客戶話中了解有用的資訊	我們在拜訪客戶時，要盡量多委婉地提出問題，以此來引導客戶說話，這樣做的目的，一來是為了多了解客戶資訊，二來是為了變單向灌輸為雙向溝通，讓客戶由被動接受變為主動參與。
5	保持良好的心態	這裡說的良好心態，就是既不要給自己壓力，也不要給客戶壓力，保持微笑，獲得客戶的好感。一定要做到在承諾的短暫時間裡引起客戶的興趣、激發客戶繼續交談的意願，這樣能為自己贏得更有利的局面。

讚揚優點

幾年前，我們參加一個大型的商品展覽會。由於那次展覽會來的都是大客戶，所以，許多商家的業務員都卯足了勁，準備多接觸一些大客戶，提升業績。

張先生是我們的一位大客戶，也是我們與同行一直競爭的客戶。他一走進我們的展廳，我的同事小李就迎上去，稱讚道：「您是我們的金牌客戶，這次拿的貨一定超乎我們想像。」

客戶聽後，面無表情地說：「我看看再說。」

因為他認為，自己本來就是大客戶，這是理所當然、毋庸置疑的事實。

另一個同事小文走過去，握住他的手，說：「張先生，您今天的氣色真好，聽說人的氣色好代表著運氣好，看來您的財運來了。」

小文的這句話讓張先生眉開眼笑。的確，因為他今天參加這個會，是經過精心裝扮過的，可是，來這裡後，商家只想著從他這裡拿到訂單，很少關注他的外表。被小文這麼出其不意地一誇，他頓時心花怒放，自然也與小文親熱地交談了起來。後來他不但在小文的介紹下簽了單，兩人還成為朋友。

業務員要想對客戶說出暖心的話，不但在技巧上下功夫，還要多觀察、多關注客戶，摸清客戶的需求，這樣說出的話才會讓客戶體會到愛的感覺。

銷售高手一般是善於觀察的人，他們會抓住客戶身上最耀眼、最閃光、最可愛而又最不容易被大多數人察覺的優點大加讚揚，為別人找到潛意識裡最需要被認可的特質，讓他有深深的暖暖的幸福感。他會記住你一輩子的，善於觀察是成功銷售的核心技術之一，每個業務員都必須掌握，但卻並不是一件簡單的事。

大多時候，我們觀察到的優點，都是第一眼能看得到的，就算是你賣力的讚揚，也不會造成很好的效果，因為對於這些優點的讚美是他常常聽到的。對此他都已經習以為常，不會產生特別的感覺。而會說話的人則能獨具慧眼，發現對方身上不易被發現的優點，並加以讚揚，如此一來，一定能收到奇妙的效果。

小江是某公司的業務員，王經理是一位經銷商，成為他的目標客戶已經好幾個月了。

每次小江打電話給他或是上門拜訪時，他對小江都很熱情，對小江介紹的產品也感興趣，可是一提到訂單時，他就說要「考慮考慮」。

小江感到很無奈，為此，小江曾多次反省自己跟他交往

時的行為舉止，又找不出什麼紕漏來，就求助於他的師父。師父請小江把和客戶交往的細節一點點分享出來。

徒弟小江開始訴說：

「王經理是一個事業成功的人，我平時讚美他有才幹、有能力、有魄力時，他會笑著謙虛地對我說：過獎了。」

小江深信他們的交談還是很愉快的

師父聽完他委屈的訴說，毫不客氣的說：「是你交往和溝通沒有到位。跟客戶聊天前，你要多了解他的興趣愛好，有什麼別人沒有發現的潛在才能，然後給予肯定，這是突破口……」

師父的話點醒了徒弟小江：「師父我知道我的問題在哪裡…….」

一個月後，小江打電話給師父，師父還沒開口說話，他就高興地說：「師父，太感謝你了，你是一語驚醒夢中人啊，王經理剛剛簽下一份大訂單，他成為我目前最大的大客戶了，哈哈哈…..」

師父馬上問到：「你做了說了什麼？！好好和師父分享一下」

原來，小江在和王經理的閒聊中，發現他愛好收藏名畫。再見到他時，小江就會有意無意地對他說：「你收集了這麼多名畫啊，一定花費了不少心血吧。」

　　王經理立刻興致勃勃地向小江講了關於他收藏的事情，他們越談越投機，大有想見恨晚之感。

　　有了如此深厚的感情做基礎，他最終成為小江的大客戶：一是有朋友關係，二是產品品質不低於同行，他自然會選擇在小江這裡拿貨。

　　成為朋友後，王經理告訴小江，作為部門主管，他幾乎每天都能聽到諸如「你能力強，有才幹」這樣的誇獎，早聽膩了，所以任憑別人再怎麼賣力地讚美，他也不會心生喜悅。倒是小江的一番真心實意的話，讓他十分感動。

　　由此來看，與其誇獎一個人最大的優點，不如發現對方最不顯眼，甚至連他自己都曾忽視的優點。因為他最大的優點已成為他生命中的一部分，在任何人看來都已是不足為奇的了。如果經常稱讚一個人這樣的優點，可能會讓其產生反感；而那些不容易被人發現的優點，因為很少有人發現，也就顯得彌足珍貴，因為你的發現與稱讚為對方增添了一份對自己的認識，也增加了一次他重新評估自己價值的機會。同時，你不同凡響的觀察力還會獲得對方的好感。

　　小楊是某圖書公司行銷部的經理，他們公司想請業內某著名的圖書編輯小中，為他們的新出版的一本新書寫序。

　　因為小中是重量級人物，小楊經過幾次的電話預約後，小中才答應見他。

　　小楊非常珍惜這次機會。在一般情況下，圖書編輯是不屑於為其他作者寫序的，很簡單，一是有同行之爭之嫌；二是他和小楊之前也沒有交際。

　　為了在短暫有限的時間內能夠說服這位商界奇才，小楊制定了詳細的計畫。他的計畫是：想辦法先贏得他的好感，然後努力延長對話的時間，這樣才有可能成功。

　　見到了久負盛名的小中後，小楊打過招呼，微笑著說：「您好，我仔細閱讀了關於您的傳記，您真是我們圖書界的奇才啊！」

　　小中顯得波瀾不驚，說：「啊，真是奇怪，現在每一個人見到我都這樣說。其實，我並不那樣認為，這也是我給每一個人的回答。」

　　「不，不。您太謙虛了，我們圖書界像您這樣的人物真的太少了。」小楊唯恐小中不高興，補充道。

　　「如果你是來跟我說這些的話，那麼你可以走了。因為這些話對我沒有任何意義，如果我想聽這樣的話，隨便拉一個人進來可能都比你說得好。如果你沒有其他的事情，請不要浪費大家的時間。請原諒我的直白，因為時間對我來說實在是太寶貴了。很抱歉。」

　　小楊動了動嘴唇，什麼話都沒有說出來。

　　遇到這樣的情況，讓小楊始料不及。他沒有想到自己的

好心讚美卻得來這樣的結果，真正的來意還沒有說出口呢，就被下了逐客令。問題出在哪了呢？

問題就在於小楊的話沒有一點新鮮感，讓人覺得聽這樣的讚美就等於在浪費時間。

所以，我們在與客戶說話，最忌諱陳腔濫調或者不著邊際的讚美，這樣只會惹得客戶生厭，讚美的直接目的是讓對方高興，如果你不想做一個毫無特色的銷售人員的話，你得把讚美的話說得有新意。也就是說，即使你是懷著真誠有愛的心情跟客戶說話，也要捧出新鮮的內容來。

世界上最美的語言，就是在說話中灑上「愛」的佐料，這些「愛」的佐料就是，你發自內心的、適度的讚美，不但可以拉近人與人之間的距離，更加能夠開啟一個人的心扉。雖然這個世界上到處都充滿了矯飾奉承和浮華過譽的讚美，但是人們仍然非常願意得到你發自內心的肯定和讚美。從人的心理本質上來看，被別人承認是人的一種本質的心理需求。

作為一名業務員，要明白，既然客戶願意聽「愛」的語言，我們又何必吝嗇我們的語言呢？何況這些「愛」的語言是不需要我們增加任何成本的銷售方式。

一般來說，銷售人員在向客戶講「愛」的語言時，要遵循以下內容，如表2-3：

表 2-3 銷售人員跟客戶講話時要遵循的原則

1	尋找顧客的一個可以來讚美的點	讚美顧客是需要理由的，我們不可能憑空的製造一個點來讚美一個顧客，這個點一定是客戶所具備的，這樣我們才有一個充分的理由來讚美我們的顧客。這樣的讚美顧客才更加容易接受，這樣的讚美顧客才能從內心深處感受到你的真誠，即使我們的讚美有點過，顧客也是非常喜歡聽的。
2	這是顧客自身所具備的一個優點	我們要發現顧客的身上所具備的優點和長處，優點和長處正是我們大加讚美的地方，顧客的優點可以從多個方面來尋找，比如：顧客的事業、顧客的長相、顧客的舉止、顧客的語言、顧客的家庭等等多個方面來進行讚美，當然這個讚美要是顧客的優點，只有讚美優點，才能夠讓顧客感到你是在讚美他，如果你不加判斷，讚美了顧客的一個缺點的話，那麼你的讚美只能適得其反。
3	這個讚美的點對於顧客是一個事實	顧客的優點要有一個不爭的事實，對於事實的讚美和陳述是我們對事物的基本判斷，會讓顧客感覺到，你的讚美沒有帶有任何過度的地方，這樣的讚美顧客更加容易心安理得的接受。
4	用自己的語言表達出來	對顧客的讚美要透過我們組織自己的語言，以一種自然而然的方式，非常自然地表達出來，如果你用非常華麗的詞藻來說的話，那麼顧客會認為你是一個太過做作的人。顧客對你的話的信任度就會打一些折扣。所以用自然的方式來表達你的讚美，將是一種非常好的表達方式。
5	在恰當的時候真誠的表達出來	對顧客的讚美要在適當的時機說出來，這個時候才會顯得你的讚美是非常自然的。還可以在讚美的話中，適當地加入一些調侃，這樣更加容易調節談話的氣氛，讓顧客在心裡感覺到非常的自然、舒服。

透過「共同話題」，讓你變客戶的自己人

　　我剛做業務時，公司每個月的最後一個周五下午，都有一個工作盤點會議。這個會議是由部門主管主持召開，由每個小組的成員分別發表。

　　誰都知道，這樣的會議有點枯燥和單調。所以，每次開會時，會議氣氛都顯得死氣沉沉的。唯有我們部門的氣氛，被我調節得非常活躍。有時別的部門會議早早結束了，我們部門的小組成員正意猶未盡呢。

　　有一次，我們部門像以往一樣，在下班後很長時間才結束會議，我走出會議室的大門，在走道上看到小偉在等我。小偉是我們公司策劃部門的主管。

　　他見到我，羨慕地說道：「看來我們做策劃的，也要像你們這群業務高手學習如何說話和調節氣氛。」

　　為了做好業務，我業餘時間除了業務外，其他時間不是泡在圖書館看產業大師的銷售寶典學習如何高效銷售，就是下班後與前公司業務高手吃飯，討教如何說話，不斷加班學習鍛鍊的結果就是我在跟同事談話時越來越有感染力，所以同事們都喜歡和我在一起談話。這也是我們部門會議氣氛熱

烈的一個重要原因。

「你是不是覺得我很會作秀，臉皮厚，把我們部門的會議氣氛帶動的熱火朝天啊。」我笑著說。

我說完自帶氣場哈哈大笑，小偉也早已經笑得喘不過氣來：「哎呀，我真希望我們部門也有一個像你這樣的開心果。」笑完後他向我請教，「你能告訴我，你維持會議氣氛的祕訣嗎？」

「你不就是想讓大家在會議上開心後參與互動嗎？」我說：「小菜一碟，走，我們慢慢聊。告訴你吧，我們部門以前開會時跟公司的很多部門一樣，一進會議室的門，大家就像悶葫蘆一樣，比賽著誰更悶。」

我講的這些，完全就是小偉此時頭痛的問題，於是，他開啟了話匣子。

我告訴他的祕訣就是：「因為我想改變部門會議現狀，所以我就先讓自己臉皮厚起來，然後想辦法和部門所有人互動，在互動過程中了解部門同事的興趣愛好，同時把這些資訊及時告訴會議負責的主管，然後配合他們一起製造每日話題，我帶頭積極參與，同時挑起大家一起競賽當成部門比賽，這樣大家都當成玩遊戲，還是自己喜歡的話題，所以部門的人都願意參與，大家一放鬆，再來談提高業務水準就容易了。」在此之前，我跟小偉只是一面之交。那次之後，我們成為了朋友。他在公司管理主管會議上分享我的點點滴滴

付出的同時，還表揚了我，令我在公司的影響力越來越大！

在日常生活中，我們與朋友能夠友好地相處，大多是因為有共同話題。當我們與客戶溝通時，擁有共同的話題同樣重要。

然而，我們在銷售中，卻經常會犯一種錯誤，一見到客戶，就口若懸河地講我們要銷售的產品，這就像我們去相親，看到一個心儀的女孩，上去就對她說「我愛你」一樣，相信你這麼一說，女孩脾氣暴躁的，「啪」一個巴掌就過去了，脾氣好有修養的，一聲不吭轉身離開已經是給你面子了。所以說，這種開門見山的推銷法，自然會引起客戶的牴觸與反感。

但如果你能像我和小偉那樣跟客戶說話，聊他們感興趣的話題，就能夠讓談話的氣氛充滿生機，使客戶感覺找到了知音。一旦客戶對你產生了親近感以後，你再談銷售的事情不就容易了嗎。

小潔是一家兒童英語培訓班的業務員。

一提到兒童英語培訓班，很多人可能很快就會聯想到那些在大街上發宣傳單，令你避之唯恐不及的人。

但小潔可不是這一類討厭的人。

小潔在向一位家裡有九歲孩子的母親做類似的銷售時，她是這麼做的：

這位母親是一位舞蹈老師，每天上午有課，中午休息後去學校接孩子。

當小潔走進這位母親的辦公室時才發現，她之所以排斥孩子進英語培訓班學習，是因為她的孩子以前報的培訓班，讓她非常不滿意，她認為那個拉她孩子進入培訓班的業務員服務不到位，而且孩子學得也不是很理想。

小潔在得知這些情況後，決定把培訓班最近的學習情況介紹一下。然而，這位母親根本不給小潔機會，連聲催促小潔離開。正在這時，這位母親接到一個電話，小潔無意中聽到她下學期要辦一期成人舞蹈培訓班。

等這位母親的電話結束後，小潔就向她請教：「打擾您一下，我向您請教一個問題，成人如何學好舞蹈？」

「你也對舞蹈感興趣？」這位母親驚喜地看著小潔，問道。

「不瞞您說，我小時候就喜歡舞蹈，可惜沒學過。」小潔做了一個鬼臉，「成人還能學會嗎？」

「能啊。只是成年人練舞蹈的基本功的難度比小孩要大一點，這是因為骨骼的硬度大，不像小孩那樣可塑性強，但只要喜歡，堅持下來，慢慢學……」這位母親的話多了起來。

「難度有多大呢？」小潔追問道。這位母親立刻給予了詳細的回答。就這樣，兩位愛美的女性越談越開心。

後面的結局，我不說你也猜到了。小潔除了從這位母親那裡知道了很多成人學舞蹈的專業知識外，還多了一位指導她如何變美的朋友，更重要的是，這位母親要把孩子送到小潔介紹的培訓班去學英語了。

小潔能夠搞定這位母親，是因為她們有「共同話題」──都喜歡成人舞蹈班。

當我們跟客戶見面時，如果客戶在言談中表示對某件事有興趣，那麼對於你來說，這就是絕好的交流機會。你順著客戶的話題講下去，保證能夠讓客戶跟你有一種「想見恨晚」的感覺。

當我們以顧客為中心，選擇顧客感興趣的話題時，這會讓顧客感覺到在你這裡得到了重視。你談論起顧客感興趣的話題時，顧客在心理上會變得放鬆，對你產生認同感，會不由自主地加倍親近你。漸漸地，顧客也將成為你的忠實顧客。

美國老羅斯福總統（Theodore Roosevelt）博聞強記。他在和別人交談的時候，總會找到讓別人感興趣的話題，從而使交談氛圍變得熱烈。他怎麼能做到這點呢？答案並不複雜。如果他要接待某個人，就會提前翻閱這個人的相關資料，研究對方最感興趣的問題。可見尋找一個讓別人感興趣的話題是多麼的重要。

據心理學研究發現，當談論的話題一旦涉及自己最關心的人或者熟悉的人、環境和事情時，人們不但會無條件地解除戒備心理，甚至還會對挑起話題的人懷有親近感。

威廉8歲那年，有一次到姨媽家度週末。有位中年男人前來拜訪，他跟姨媽聊過之後，就和威廉談起來。

威廉這個時候對帆船非常痴迷，而對方似乎也對帆船很感興趣。他們倆的談話一直就以帆船為中心，兩人很快就成了好朋友。

客人走後，威廉毫不吝嗇地對姨媽表達了他對這位來客的喜歡，因為他對帆船也如此痴迷！但姨媽卻告訴他說，那個男人其實對帆船一點也不感興趣，他是一位律師。

威廉不解地問：「那他為什麼一直都在談帆船呢？」

姨媽說：「因為你對帆船感興趣，所以他就談一些讓你高興的事。」

這件事讓威廉受到了教育，直到成人後，他還時常想起那位律師富有魅力的行為。

在我們做業務的時候，完全可以借用顧客或客戶的這種心理，選擇一個客戶感興趣的話題，從而與客戶建立親和感，得到對方的信任和依賴。如果你想得到客戶的接受與喜歡，使銷售獲得成功，那麼就要在平時多花些心思研究顧客的消費心理。其實顧客感興趣的話題不外乎兩種，一種是與

他自己有關的話題，另一種是與他熟悉的人和事情有關的話題。有了了解這樣的銷售才能做到有的放矢。

必須要考慮什麼人和什麼事情最能觸動對方的心靈，什麼樣的話題是對方最感興趣的。不能隨意亂用，以免顧客產生反感。只有選對話題，才能與顧客建立親和感，縮短與顧客的距離，使顧客從根本上接受並且喜歡上你和你的產品。

做推銷是最能鍛鍊人的。這個職業不僅僅考驗著你的毅力，還讓你明白做人的道理。那就是，你必須對客戶充滿愛。哪怕你是「假裝」與客戶有共同話題，也要建立在愛的基礎上，這樣，你們在交談時，才會有一個和諧溫馨的場面。

如果你對客戶懷著愛，再有一個合適的話題，能讓對方興趣大增，侃侃而談；而一個不合時宜的話題，則會使對方拒你於千里之外，失去與你繼續交往下去的欲望。

這時你會問，因為跟客戶都是初次見面，互相不了解，什麼話題合適呢？

實際上，當你做推銷時間長了，就總結出經驗了，一個人的心理狀態、精神追求、生活愛好等等，都或多或少地在他們的表情、服飾、談吐、舉止等方面有所表現，只要你善於觀察，就能發現合適的話題。

有一次我在社群平臺上接到一個陌生訊息的諮商案，他

是做汽車配件銷售的主管，為了盡快了解他的特質，我問了
他一個問題：在你銷售生涯初始階段有沒有特別讓你興奮或
者記憶深刻的真實銷售案例。他立刻打了一串興奮的符號，
「有啊」，我馬上和他說：「你立刻用語音回覆我」他馬上回
覆「好」。

　　有一位朋友到外縣市去開發新客戶。剛來到新客戶的公
司門口，就看見一輛車拋錨了，司機車裡車外地忙了一會兒
也沒有修好。

　　這位朋友二十多歲時就學會開車了，因為喜歡車，他業
餘時還學了一手修車的絕活。於是，他建議司機把油管再檢
查一遍，司機將信將疑地檢查了一遍後，果然找到了拋錨的
原因。

　　司機見他幫了自己的忙，就試探地問他：

　　「你這麼懂車，以前學過嗎？」

　　「沒有，只是喜歡。」這位朋友說。

　　「嗯，我也喜歡車。對了，你平時關注的是哪種
車？……」

　　就這樣，他們這一對陌生人聊了起來，並且越聊越投
機，幾乎成為想見恨晚的好朋友。在聊天過程中，他不時地
提到貨車、貨運，司機聽得很認真。

　　司機告訴他：「我是這個公司運輸組的小組長。」當司

機得知他是來他們公司推銷產品時，立刻帶著他拜見了他們
公司的經理，讓他順利地開發了一個新客戶。

事實上，我這位朋友一直沒有告訴司機，早在他看到司
機修車時，他就注意到司機胸前戴的識別證，上面寫著司機
的員工編號和職位。所以，他才在跟司機的聊天中，能掌握
住對方感興趣的話題，和司機侃侃而談。他聽完司機一口氣
講了這麼多，就知道司機是打拚出來的，業務能力肯定沒問
題，於是他送上熱情洋溢的掌聲，同時對司機說：「您真是
高手！以您的用心、貴幹和做事的踏實，您所帶領的部門業
績應該不錯！」

因為他們之前聊了不少「共同話題」，所以，他這句
「奉迎」的話令司機很開心。

業務的察言觀色的能力非常重要，不僅要及時精準了解
客戶的喜怒哀樂、生活習慣、職業狀況，還要和自己的興趣
愛好加以結合。否則，即使我們發現了跟對方有共同點，也
還是會無話可講，或者講一兩句就「卡住」了，當然也就沒
有我這種幸福幸運的好結果了！

不管是新客戶還是老客戶，在跟他們見面時，都要盡量
尋找「共同話題」，如果沒有，就想辦法來引導他們。這些
辦法包括如下，如表2-4：

表 2-4 與客戶尋找共同話題的方法

1	要以客戶為中心，以對方感興趣的事情來作為話題。
2	想一切辦法，來引導客戶談論他的工作，比如，客戶在工作上曾經取得的成就或將來的美好願景等。
3	要多提起客戶的主要愛好，比如體育運動、飲食愛好、娛樂休閒方式等。
4	跟客戶談論時事新聞、體育報導等，比如每天早上迅速瀏覽一遍報紙，與客戶溝通時，首先要把剛剛透過報紙了解到的重大新聞拿來與客戶談論。
5	可以適當地跟客戶談論他孩子的情況，比如孩子的教育等。
6	學會和客戶一起懷舊，比如提起客戶的故鄉或者最令其回味的往事等。
7	談論客戶的身體情況，以及如何養生等問題。

　　總之，只有當客戶對你所說的話感興趣時，他才會開始重視你。所以在「銷售產品」這道正餐之前，不妨先給客戶準備一道開胃菜，即談論客戶感興趣的話題。

　　需要提醒的是，如果是在比較嚴肅、正式的場合下，即便是與客戶聊他感興趣的話題，也要時刻關注客戶的表情，當客戶感到厭煩時，你必須立刻停止交談。

讓客戶舒適的談話

　　有一次，我陪一位朋友到 3C 店裡買電腦，剛進去，就被一群熱情的店員圍住，介紹他們店裡的電腦如何如何好。

　　面對熱情的店員，朋友臉上卻沒有一點喜悅之色。他對我使了一個眼色，我們就找了一個藉口離開了。

　　接下來，我們又被好幾位口齒伶俐的業務員接待了，他們對我和朋友的問話給予了詳細的回答，可是，朋友卻一改來時「一定要買電腦」的決心，失望地對我說，如果沒有合適的，這次就不買了。

　　我問他：「怎麼沒有合適的？這麼多賣電腦的，你應該耐心地聽業務員給你介紹啊。」

　　朋友無奈地說：「你說得沒錯，賣電腦的是不少，業務員也很熱情，可是我聽不進去他們的話。不知道為什麼，我覺得聽他們說話非常不舒服，感覺他們的每一句話，都是衝著我們的錢來的，根本不在乎我們的需求。所以，每次聽他們說不了幾句話，我就想離開。」

　　朋友的話，讓我若有所思，我回憶剛才遇到的那些業務員，不得不說，他們有著較為專業的職業素養，有著迷人的

口才，甚至於一度讓人有購買的衝動。可是，為什麼我的朋友卻有「聽他們說話非常不舒服」的感覺呢？

我分析後得出：是這些業務員在跟我們溝通時，那副恨不得從我們口袋裡「搶錢」的迫切成交的態度。

這件事讓我發現，作為業務員，在與客戶溝通時，給客戶營造一種「舒服」的氛圍是最重要的。

小凱是某品牌酒廠的業務員，他陽光、乾淨、溫和又不失活潑，很適合做業務。

有一次，小凱到一個客戶的店裡，看到客戶櫃子裡並沒有擺放他推銷的酒。小凱心中不悅，當初為了讓客戶把酒擺在櫃子的醒目地方，他還特地在價格上做了很大的讓步。

一般的業務員遇到這種情況，可能會直接說：「老闆，您看您賣我的酒時，我在價格上還讓了步，但是你都沒有在櫃檯上擺我的酒，讓我拿進去擺一下吧！」

客戶一定會想：「你小子太不識相了吧，我的店面我的櫃檯自然由我作主，我想怎麼擺就怎麼擺，關你屁事！憑什麼擺你的酒，你說你在價格上打折了，我怎麼知道你沒有在其他的客戶那裡也打折。而且櫃子這麼小，一定是先擺那些高利潤的酒。」

若客戶心裡這麼想時，斷然是不會讓業務員進去擺酒的。此時若業務員繼續勸客戶，就有可能讓雙方不歡而散。

我們來看看小凱是怎麼做的。

小凱向客戶打過招呼後，一面往店裡走，一面說道：「老闆辛苦了，我這人閒不下來，快過年了，我幫你整理整理吧。好讓你喜迎財神啊。」

他說著，把店裡的舊海報換了，又把空酒瓶整理一下，接著把貨架擦一擦。客戶看後，嘴裡連聲對他說著「感謝」。

小凱趁機說道：「老闆，櫃檯是我們店裡的形象。我已經把貨架擦乾淨了，再幫您把貨架上的酒重新整理一下，您這櫃檯要是擺整齊還能空出地方再放幾種酒呢！」

「你不嫌累就整理吧。」客戶難得清閒，見小凱這麼熱情，也樂得順水推舟。

「櫃檯酒櫃上擺的酒因為是展示品，所以這些酒們也要注意形象。不注意就會過時，老闆，我幫您看看吧，把日期舊的產品換下來，放到不顯眼的地方。」小凱說著，把自己公司的酒放在了顯眼的地方，「老闆，您看我擺得怎麼樣？」

客戶點點頭，說：「不錯，你們公司的酒這次換的新包裝還挺不錯。」

小凱達到了目的，仍不罷休：「老闆，這不是快過年了嘛，我把公司印的新年海報，專門給您帶來一份，上面有新年日曆，還有『恭喜發財』，我再給您店裡掛幾個燈籠，讓我們店的生意興隆一整年。」

客戶聽著小凱的話，臉笑成了一朵花。而小凱也在「說話」的過程中實現了此次「擺放自己公司酒」的目的。

這就是高明的溝通方式，讓客戶在你「舒服的談話」中接受你的「建議」。雖然你是在幫老闆，但你也在幫你自己。因為這種幫助是有目的的，會讓老闆更容易接受，然後你才有機會「動手」，只要有機會動手，你就能讓你的酒站在顯眼的位置，達到「熱賣」的目的。

我們身為業務員，跟客戶溝通時，能否讓客戶感覺到舒服，直接影響著我們的銷售業績。那些會說話的業務員，甚至能夠讓跟產品毫不相干的客戶，都產生必然的關係。

有一家效益不錯的大公司，為了擴大經營規模，決定高薪聘請銷售主管。徵才廣告一打出來，報名者雲集。

面對眾多的應徵者，招募單位的負責人對來應徵的人說：「相馬不如賽馬，為了能選拔出優秀的人才，我們決定出一道與銷售相關的實作題：就是想辦法把木梳賣給和尚。」

負責人的話一出口，驚呆了絕大多數的應徵者，他們先是感到困惑不解，在想過之後開始生氣：「把木梳賣給和尚？這不是在跟我們開玩笑嗎？和尚是出家人，是剃度的，頭上沒有一根頭髮，要木梳有何用？他們這哪裡是在徵人，分明是在耍人。」

大家發出這樣憤怒的聲音後，就紛紛拂袖而去。

重賞之下必有勇夫，因為公司給出的薪水高，最後還是剩下三個應徵者，他們是甲、乙和丙。

考試開始了。

負責人說：「期限為 10 日，但你們每天下午都要來這裡向我彙報銷售成果。」

十日後。

負責人問甲：「你這幾天一共賣出多少把木梳？」

甲不好意思地回答：「1 把。」

負責人問：「你怎麼賣的？」

甲嘆了一口氣後，向負責人講述了歷盡的辛苦，他到附近的山上游說和尚買把梳子，無甚效果，還慘遭和尚的責罵，好在下山途中遇到一個小和尚一邊曬太陽，一邊抓著頭。

甲靈機一動，就走上前遞上木梳，小和尚用後滿心歡喜，於是就買下一把。

接著，負責人問乙：「你賣出多少把木梳？」

乙高興地回答：「10 把。」

負責人忙問：「你是怎麼賣的？」

乙說他去了郊外的一座名山古寺，因為這山高風也大，把進寺裡燒香的遊客的頭髮都吹亂了。於是，他找到寺院的

住持說：「遊客蓬頭垢面是對佛的不敬。我建議您應在每座寺廟的香案前放把木梳，來供善男信女梳理鬢髮。」

住持採納了他的建議。於是住持就買下了 10 把木梳。

負責人問丙：「你賣出多少把木梳？」

丙回答：「1,000 把。」

負責人大吃一驚，連聲問：「你是怎麼賣的，怎麼賣出這麼多木梳的？」

丙說，他來到一個頗具盛名、香火極旺的深山寶剎，這裡的朝聖者、施主每天都絡繹不絕。

丙對住持說：「凡來進香參觀者，都是懷有一顆虔誠之心的，我們寶剎應有所回贈，以此來做紀念，既保佑進香者平安吉祥，又鼓勵其多做善事。我有一批木梳，而住持您的書法又超群，可以刻上『積善梳』三個字，以此來做贈品。」

住持大喜，立即買下 1,000 把木梳。得到「積善梳」的施主與香客也很是高興，就這樣一傳十、十傳百，朝聖者更多，香火更旺。

住持已經打算再向丙買一些木梳了。

把木梳賣給和尚，這件事聽起來確實有些匪夷所思，但因為三位業務員不同的思維，不同的推銷術，才讓他們的銷售業績差距巨大。但我覺得，丙之所以能夠賣出那麼多木

梳，更重要的是他跟住持的溝通方式的差異，他用一句看似平常的「住持您的書法又超群」，得了住持的信任，才直接導致了不同的結果。

在推銷過程中，優秀業務員的溝通魅力就在於，能在別人認為不可能的地方開發出新的市場來。而這又取決於你跟客戶的溝通技巧。

「許多人都以為跟客戶溝通，話越多越好。這麼想你就錯了。」這是師父的話。他認為，一個優秀的業務員，跟客戶溝通的魅力在於，話不能講得太多，而是要講到點上。就像上面故事中的丙一樣，雖是寥寥幾句話，但每句話都讓客戶看到「商機」和「好處」。這樣的溝通自然會讓客戶感到舒服。

言多必失，這句話業務員一定要記住。

記得在我的「銷售特訓營」課程上，我們探討一個主題「什麼人讓你不喜歡」

我有一位學員講了鄉下「話多多」堂叔，不但小孩不喜歡他，大人也不喜歡他。原因就是他到別人家串門子時，說起話來沒完沒了。特別是到了晚上，即使你提醒他很晚了，我們要休息了，他也不聽，照樣滔滔不絕地說話，一點也不在乎別人的感受。

就是他這樣的習慣，才讓他走到哪裡都不受歡迎。

於是我在心裡對自己說，以後可別像堂叔這樣讓人討厭。沒想到我剛從事銷售工作時，我發現自己像堂叔一樣，一度成為客戶討厭的人。

記得我每次和客戶談話時，客戶都一副急於想「離開」我的樣子。

直到有一次，一個直性子的客戶對我說：「我不喜歡你的說話方式，說起話來連個標點符號都沒有。我給你五分鐘的時間。五分鐘一到，不管你有沒有說完就得走，你不走，我就走了。」

客戶的話提醒了我，我意識到自己話說太多，以後再見客戶時，我會在心裡為自己規定好交談的時間。一旦這個時間到了，我就會向客戶告辭。

說也奇怪，當我為自己規定了跟客戶交談的時間後，我發現，自己再跟客戶溝通時，因為時間有限，我會精簡說話內容，或是改變說話方式，就是盡量讓客戶在短時間內聽懂我要表達的事情。

這樣一來，我竟然給客戶留下了好印象。有時他們還會讓我多跟他們聊幾分鐘呢。

掌握好交談的時間，在適當的時候告別，會給客戶留下好印象，達到交談的目的。如果只是一味地談話，忘記了時間，也會讓自己的魅力打折。這是很多成功人士在人際交往中的祕訣。

在銷售中，業務員跟客戶溝通的魅力就在於，讓客戶感覺到跟你的談話是舒適的、愜意的，這才是高效溝通。

溝通，永遠都是這個世界上最重要的人與人之間的交往技能。作為業務員，不管你是了解還是不了解，是陌生還是熟悉，都需要以溝通作為紐帶來進行人與人之間的感情，利益的連繫。那怎樣才能讓客戶喜歡我們呢，請看表 2-5：

表 2-5 讓客戶喜歡你的溝通方式

1	讚美的技巧	銷售員在跟客戶的溝通中，溝通一定有技巧和地雷區。但讚美對方的行為遠比讚美對方身上的優點要重要的多。比如：如果對方是廚師，千萬別說：你真是了不起的廚師。他心裡知道會有更多廚師比他還優秀。但如果你告訴他，你一週中若有兩天的時間不來他的餐廳吃飯，渾身就難受，吃任何東西都沒有滋味。這就是非常高明的恭維。
2	客套話也要說得得體	客氣話是表示你對客戶的恭敬和感激，說得太過有奉承之嫌，所以一定要適可而止。比如：如果客戶是個老板，你可以背著客戶對他的下屬說，我覺得你們老板對誰都很好，上次跟他一起出去，他對看門的保全也很好。你不用擔心這話你的客戶聽不到。 如果客戶是經由他人間接聽到你的稱讚，比你直接告訴他本人更多了一份驚喜。相反地，如果你批評對方，千萬不要透過第三者告訴當事人，避免被加油添醋。
3	面對客戶的稱讚，說聲「謝謝」就好	一般人被稱讚時，多半會回答還好！或是以笑容帶過。但是，當客戶稱讚你的服飾或某樣東西時，如果你說：「這只是便宜貨！」這樣的回答反而會讓對方尷尬，甚至讓對方覺得自己的眼光有問題。所以，不如坦率地接受並直接跟客戶說謝謝。
4	情緒是絕對的關鍵	在與客戶銷售溝通過程中，我們的情緒很重要，所以，當我們心情不好時，要學會先處理心情後處理事情，只有心情好事情才能處理好。

第三章

快速獲得客戶信任

了解客戶的心

有一年冬天，下著大雪，我應一個老客戶的要求，給他送貨，去了之後，他突然對我說，我們公司的產品價格太貴，不好賣，讓我再帶回去。

如果換作一般業務員，在這麼冷的雪天被拒絕，況且這貨物還是他三番五次地打電話要我送的。按理說我即使不當場翻臉，也有權利抱怨客戶幾句。

但我不這樣想，我猜想客戶臨時變卦必定有原因，既然不方便說，定然有不方便說的理由，我這樣一想，沒有任何怨言，像以前那樣，跟客戶聊過後，就又帶著那幾箱貨離開了。

不久，有一個我不認識的老闆打電話給我，請我送兩箱產品給他，我過去才知道，這個老闆就是之前那個客戶介紹的。這個老闆說，我的客戶是他同鄉，因為他家出了一點事，就暫時關店回家處理事情了，他走之前，把我介紹給了他的同鄉。

愛情專家告訴我們，愛一個女孩，不是要多了解她，不要跟她講道理，而是要多愛她。愛她的優點和缺點，寵她，讓她感受她是你的唯一，你對她的愛越多，她越溫柔如水。這樣的想法同樣適用於銷售。

俗話說，伸手不打笑臉人。如果這個笑臉人再有一顆濃濃的、為你著想的愛心，那麼對方是不會輕易地拒絕你的。

銷售的過程其實就是業務員與客戶心理博弈的過程。從你看到客戶的那一刻，你就進入了跟客戶心理博弈的戰場。兵法云：「知己知彼，百戰不殆。」你想要順利地出售你的商品，就必須猜透對方的心思。

人與人不一樣，加之人心隔肚皮，真正猜透一個人的心思是很難的。人的心思為什麼難猜透，一是因為你是跟客戶陌生的業務員；二是人的防範心埋使然，對方害怕上當。

但如果你出於愛，真正的為客戶著想的愛去猜對方的心思時，就會不由自主地站在客戶的角度看問題，設身處地地為客戶著想，我們就能從心理上去掌握客戶的真正需求，以便更好地掌握銷售。

換句話說：不要僅僅把自己當作一個業務員，更要把自己當作一個客戶。

我的徒弟小王，人長的相貌堂堂，學歷很高，口才也很好，有一次，我陪著他去拜訪他一位非常重要的客戶。

按照銷售流程，我們在完成禮貌的寒暄後，我還沒坐下他就一本正經地開始介紹起公司的產品和服務。我看到這位客戶的視線飄移了好幾次，最後轉移到了說明資料的後面幾行。即他最關心的重點是「這麼多生產產品的供應商，我憑

什麼要選你們這個品牌」這個核心問題上。可是，小王完全忽略了，仍然津津樂道地按照前幾天新人培訓的課堂上教的流程一步步地介紹著，渾然不覺對方的想法。

這時，我在他停歇的片刻及時打斷了他，對客戶說：「XX 先生，我們知道您很忙，這樣吧，我們先給您留一盒樣品，您用得好了，再連繫我們；用得不好，也請您連繫我們，因為我們想知道這產品會給您造成什麼損失。」

對方聽了，連聲說：「好的，好的，我會跟你們連繫的！」

出了客戶的公司，小王百思不得其解，我告訴他，接下來和客戶互動時，必須用心聽和觀察客戶的情緒和動作，並且立刻回饋給我，然後按照我給他的節奏和話術來服務客戶，這個客戶百分百成交，成交後我會詳細分析，教會他銷售的關鍵第一步。

「師父：好奇妙哦，我按照你教的，簡單明瞭地把我們的產品優缺點精準介紹後，他竟然答應先進一批貨試試。」小王對我說，「師父，我都不知道我們怎麼賣掉的。」

我先讓他親自感受一下當時客戶的感覺……然後引導性地問他此時最需要什麼？他馬上找到客戶的感受，我再總結說：「要想成為一名卓越的業務員，無論是探尋客戶的需求還是向客戶介紹商品，都要注意一點，要隨時洞察客戶的心理，根據客戶的心理變化隨時調整溝通方式。唯有這樣，才能讀懂客戶心靈，從而讓客戶敞開心扉，有了這樣的溝通氛圍，銷售才有可能達成！」

在與客戶的交流中，業務員要從客戶的心理變化中確定，眼前的這個客戶究竟對商品的哪個利益點有興趣，而哪個利益點對他而言是可有可無的。只有你明白了客戶拒絕的原因後，才知道問題出在哪裡。

要想做到這一點，業務員就要根據客戶的心理變化來提問，並且學會問「有效的問題」。在展示產品時，懂得資訊的「有效呈現」；客戶心理發生變化了，要果斷調整介紹的重點，切合客戶的心理需求，這樣才能使每次銷售拜訪都會有所收穫。可以說，誰懂得洞察客戶的心理，誰才能真正地掌握客戶的內心，從而獲取客戶的青睞。

美國著名思想家、文學家愛默生（Ralph Emerson）和兒子，一起把一頭小牛往穀倉裡推。愛默生在後面推小牛的屁股，兒子前面拉著牛的韁繩，可是那頭小牛想的卻跟他們相反，牠偏偏不想進去，腿往後撐著，堅持不肯離開草地。

旁邊一個過路的女人看到後，過去幫忙，她伸出自己充滿母性的手指，輕輕地放進小牛嘴裡，一面讓牠吮吸，一面溫和地推牠進入穀倉裡。

愛默生很驚訝地問原因時，女人笑著說：「我是用愛的力量推牠進去的。你看這麼小的牛，可能還沒有斷奶，所以，我就伸出手指頭讓牠吮吸。」

過路的女人為什麼能夠懂得小牛的心思，是因為她是女

人，是懷著一顆愛的心來猜小牛心思的，所以，也就猜對了
那頭小牛的心思。這個故事讓我們發現，只要猜對對方的心
思，別說人，就是連動物都會乖乖地聽從你的調遣。這方法
絕對值得你牢記心頭。

　　有經驗的業務員會有這種體會，所有的客戶在成交過程
中都會經歷一系列複雜、微妙的心理活動，包括對商品成交
的數量、價格等問題的一些想法及如何與你成交、如何付
款、訂立什麼樣的支付條件等；而且不同的客戶心理反應也
各不相同。在此，我把客戶的消費心理總結了一下，主要如
下，如表3-1：

表 3-1 業務員需要了解的客戶消費心理

1	我們必須100%地站在對方的角度，走進對方的世界，深入了解對方的內心對話比如：晚上8點，一個業主被殺手追殺，業主如果大聲地喊「救命」，結局無疑是被殺死。因為這個業主沒有站在其他業主的角度去想問題，其他業主會因為顧慮自己的生命安全閉門不出！這個業主如果大喊「失火了！你們再不出來都會被燒死的！」一定能夠獲救！
2	我們對客戶要永遠不賣承諾，只賣結果。你的產品越靠近客戶想要的結果，你的客戶越容易產生購買行為！因為客戶要買的不是你的產品，是結果！所以，講產品的特性、功能、優勢都是沒有用的！對客戶只講結果！只講客戶最想要的結果！比如，女人買化妝品不是為了「美」，而是為了姐妹們羨慕的眼光，為了留住老公，為了趕走小三，為了吸引更多男性的目光！所以賣化妝品時，你先要告訴她你的產品就能幫她達到這3個結果！把90%的時間和精力放在結果上，只把10%放在產品上！
3	我們對客戶沒有銷售，只有人性。銷售的不是產品，不是服務，不是品牌，而是人心，是人性，是情感！比如床單的廣告：我們的床單可以讓你的老公想家！
4	對客戶有一個理由。不論你想要什麼，不想要什麼，你都會找到理由！任何事情的開始都會有個理由！必須要找到成功的理由！找出失敗的根本理由！必須要找到讓業績好的理由！業績差的根本理由！一個老板的成功取決於他從低潮中跳出來的速度！

對客戶「動」心，客戶對你動「情」

　　從心理學角度來看，業務員和客戶之間的價值觀，是需要一種相互理解的橋梁。正如人們平時所說那樣，因為顧客有需求，業務員才給予提供，從這點上來看，業務員和顧客是各自走向對方達成共識的結果。所以，業務員要端正心態，不要為了把產品推銷出去，在客戶面前表現得畢恭畢敬，或是一聽到對方不買立刻翻臉。

　　小寧是一間商場裡賣衣服的店員。

　　她當時沒有固定薪資，每月的收入是按照賣出衣服的銷售額抽成。於是，顧客一進來，她不等人家看好，就用各種招式「騙」人家試衣服，試過後再「軟硬兼施」、「威逼利誘」地讓客戶買下來。

　　起初，她這招還能奏效，一些膽小怕事的客戶被迫買了單，但對一些有主見、性格強勢的客戶卻造成反效果。為此，她跟客戶吵架的次數很多。

　　俗話說，和氣生財。看她這裡吵架，原本有意買她衣服的顧客，就會繞道走開。

　　那段時間，她的生意慘兮兮的，加上商場多次接到顧客

對她的投訴，她所在的服裝公司向她提出了幾次警告。

眼看飯碗保不住了。她決定改變推銷方式。

有一次，她無意中在書上看到這樣一句話：「你們要記住，我們做業務的，賣的並不是產品，而是你的服務甚至你自己。同樣的產品，客戶買你的產品，是他既認可你的服務，又認可你的人，你要對客戶感恩，感恩客戶信任你；客戶不買你的產品，你更要感恩，說明你的服務還有所欠缺，你本人價值不足急需要自我提升。」

她感觸很深。

「如果顧客認可你的產品，認可你的服務，但最後卻沒有買你推銷的產品。說明你對顧客沒有『動』心，顧客才不愛跟你『動』情的！」這也是書中的原話。

她受益匪淺，決定調整自己的銷售策略。

面對顧客時，她開始面帶微笑，在心裡對自己說：「我賣的衣服品質款式都這麼好，顧客若不買，是因為我的服務不到位，責任在我自己，在我自己，在我自己！」

有了這樣的心態，她用善良的微笑迎接每一個顧客，當顧客試衣服時，如果真的漂亮她會發出由衷的感嘆；如果試穿的效果不太理想，她會委婉地給出一些建議，讓顧客到其他專櫃再看看，如果顧客只鍾愛這個款式，而別的地方又沒有，她會記下顧客衣服的尺寸，到總公司或是她賣衣服的朋友中去問。

　　總之，她是真心地為顧客著想，在做這些事情時，雖然費力費神，在為顧客買到了他們喜歡的衣服後，她也分文沒賺到，可是看到顧客興奮地對她連聲道謝時，她和客戶瞬間擁抱在一起秒變好朋友，晚上回家她發現心情特別好，覺得比之前賣出幾套衣服還高興。

　　「原來，真正的服務與金錢沒多大關係啊。」她恍然大悟。

　　再以後，不但有她幫助的顧客帶著朋友、親戚來她這裡買衣服，連那些沒在她這裡買到衣服的顧客，也帶著其他人來光顧，一時之間，她成為整個商場最忙的人。

　　兩年後，她成為公司的銷售部經理。在年終員工表揚大會上，她說：「其實客戶的心思很好猜，前提是你要多對他們『動動』心，你的心動得越正越多，客戶跟你的感情越深。深到一定程度，你們就成了無話不談的好朋友，這時你的產品銷售就變成所有朋友的事，成交就變的很簡單，這是良性循環。如果你為了賣產品想盡了辦法，焦點只在掏客戶的錢，客戶也就挖空心思和你過招，我們的能力再強也是心力憔悴應付不來，銷售就變的很難啊，這就是惡性循環。」

　　這其實就是一種心理學上的博弈，業務員需要一開始就化解客戶的敵意，業務員應該知道，人與人之間接觸的規律。如果你一見面，就對客戶喋喋不休地講述自己產品如此

這般的好，這樣只會引起客戶的反感。其實，做業務有一個常識，那就是要想從客戶口袋裡掏錢，先要向客戶掏心。

所謂掏心，其實就是創造機會，向客戶全面展示自己，獲得客戶的心靈層面上的共鳴，讓客戶覺得業務員和自己是一樣的人，從而卸下防備之心，成為夥伴和朋友。

一位資深的業務員在說出自己的經驗時，他說：

在銷售過程中，很多人在心理上都是有個坎的，有些人比較容易繞過去。但是說服成功者有時候是很難的，成功者大部分都是有點偏執的人，他們會堅持自己的觀點，不容易做出改變，即使改變了馬上就變成了新的堅持，這是成功的特質。他們很自信，所以這時你在跟客戶溝通時，不要一下子就把自己放在推銷者的位置上，而是變成一個心理學家，研究一下這個人的行為模式，在這個過程中也就理解他會接受什麼樣的行為。

不管你和什麼樣的客戶溝通，相信只要你帶著感情工作，帶著愛去接近客戶，多從客戶利益出發，多從客戶的角度想問題，客戶並非草木，時間久了自然會理解和支持你的。

「有的客戶真讓人頭痛，他看了半天產品，也幫他介紹得很詳細了。他也說了要買，可過了幾天，他又變心不買了。」

　　「客戶眼光高著呢，是不會輕易對我們的產品動情的。」……在生活和工作中，我經常聽到同行類似的抱怨聲，每次我都想問問他們：

　　「你們有沒有想過，客戶為什麼會變心不買你的產品？為什麼不會對你的產品動感情？」

　　答案只有一個：客戶的無情，是你的無「心」造成的。

　　我們在做業務的過程中，好不容易尋找到一個目標客戶，在最初帶有陌生感的接觸中，客戶隱藏自己的真實需求是合乎情理的，即便是他們看上了你介紹的產品，但因為你的服務差強人意，自然會變得無情。

　　一些新聞報導的事件中，也不乏有客戶買的產品出現品質問題後，再找業務員時，都被以種種藉口和理由拖延不解決。在這種情況下，客戶當然要小心謹慎了，特別是對於價錢比較高的產品。客戶在買時更是要小心加小心。

　　業務員在了解到客戶這種顧慮後，再對客戶「動」點心思，進一步拓展客戶關係，這時你需要展示自己的真誠，這類似於攻城。客戶的內心裡可能有好幾道城門，只有那些不斷進入城內的業務員才能夠獲得客戶的訂單。下面提供幾種讓客戶為你動「情」的方法：

■一、熱情迎接退貨的客戶

我們都知道，對於銷售人員來說，成交是皆大歡喜的。一旦遇到想退貨的客戶時，很多銷售人員的臉立刻晴轉陰，接著是冷言冷語，這種態度經常會讓退貨的客戶寒心。其實，客戶退貨有很多原因，不一定是你的產品不行，如果你熱情對待他，就會感動客戶，從而留住客戶的心。即便他不需要你的產品，有一天也會推薦朋友來買你的產品的。

■二、阻止他買你的產品：

如果你的產品確實不是他想要的，但又糾結於你的熱情推薦。在這種情況下，你要堅決地站在他的立場上，對他說：「這產品您不要買了，真的不適合您，您再到其他店裡去看看吧。」

■三、說競爭對手的好話

在客戶面前，不管客戶出於什麼目的，一提到競爭對手的情況，你都要真誠地讚美對手。為了顯示你的真誠，你還可以羅列對手的一些優點。這樣既有利於你了解對手，又讓客戶覺得你不是虛假的。從而更信任你。

■ 四、回答客戶時要確定時間

如果店裡沒有客戶需要的商品，客戶會問你什麼時候會到貨？這時你要給出精確的回答，比如：「我們某某天下午4點會到貨，您看您方便預定嗎？」聽到這樣的回答，客戶對你的忠誠度會提高一半的百分點。

■ 五、退錢給客戶時親自上門

如果碰到在客戶不知情下多收了客戶錢的情況，你一定要親自上門去退還錢，最好能帶點小禮品以示你的歉意，錢多錢少是其次，這份心讓客戶無法捨卻。

■ 六、對待客戶態度始終如一

不管客戶有沒有跟你成交，你都要像客戶跟你成交時一樣熱情。熱情是世界上最有價值的一種感情，也是最具感染力的。有人做過研究，熱情在成功銷售的案例中占的比例為95％，而產品知識只占5％。

轉換立場思考

　　每個人的需求都不一樣，有的明顯且容易發現，有的則潛伏得很深不容易察覺，有的時候聽眾自己根本沒有意識到自己有需求。這就需要你在與他們交談時，一定要談一些對方比較感興趣的問題，讓他感受到你的熱情，產生一種與你「想見恨晚」的感覺，拉近你們之間的距離。而一旦發現對方神色有異，或對你的話題表示出不感興趣的樣子時，便應立刻改變話題。

　　銷售無難事，只要你善於站在客戶面前換位思考，同時耐心地幫助客戶解決問題，你的銷售工作就做對了一半。

　　為什麼這麼說呢，我們來看看星巴克的創辦人舒茲（Howard Schultz）的故事：

　　舒茲說，他有一次去英國出差，在倫敦最繁華金貴的地段，看見在很多名牌店的中間，竟然夾著一個非常小的在賣最便宜的乳酪的店鋪。他很好奇地走了進去，見到一位長鬍子的老先生在整理乳酪，於是他問：「老先生，這裡是黃金地段，寸土寸金之地，您在此開店賣乳酪，賺的錢夠付這裡的房租嗎？」

　　這位老者朝他看了看，說：「你先買我十英鎊的乳酪，我再回答你。」

　　於是，舒茲買了十幾英鎊的乳酪。

　　這位老者也信守承諾，告訴他說：「年輕人，你走出我店門向外看一看，這條街上所有你看見的豪華店鋪基本上都是我們家的房地產。我們家原來就是靠賣乳酪起家的，透過賣乳酪賺了錢。很多人賣乳酪，賺了錢就買些店鋪，這樣可以賺更多的錢。但我和我兒子現在還是賣乳酪，這是因為我們喜歡賣乳酪。更重要的是，這裡的客戶需要乳酪。這裡租金貴，很多人覺得不賺錢，所以沒人願意在這裡賣乳酪，這裡的客戶都吃不到乳酪。我們在這裡開的這家唯一的乳酪店，不僅能解決客戶吃乳酪的問題，也順便賺了錢。」

　　這件事對舒茲觸動很大，做事業，除了愛事業外，還要耐心地幫助客戶解決問題。是堅持的理由。堅持做自己熱愛的事情時，這個世界上將不會再有難搞的事情。

　　我們做業務是同樣的問題，表面上看，我們做業務的跟著客戶轉，費盡口舌向他們推銷產品，每成交一單生意都很難很難，其實做起來很容易的，就是多換位思考，幫助客戶解決問題。

　　小紅性格比較開朗，大學學的是旅遊管理，畢業後，她在一家旅行社當業務。

　　她的第一個客戶是一位在公園裡跳舞的陳大姐。

　　陳大姐性子比較急躁，報名參加的是歐美國家旅遊團，因為小紅的嘴比較甜，她在講旅行團的優惠福利時，讓陳大姐聽了笑得合不攏嘴。為此，陳大姐又幫她介紹了四五位客戶。

　　如果業務員的工作做到這裡，那麼無疑於小紅的工作是完勝的。

　　不巧的是，既然是旅行團，這和業務員推銷產品一樣，後面需要大量的售後服務工作。一旦處理不慎，他們之前配合的再默契，也都取消為零了。

　　小紅心想：「這是畢業後的第一份工作，陳大姐是自己的第一個客戶，還幫她拉來這麼多客戶，可別出什麼差錯。」

　　真是怕什麼就來什麼。起初，陳大姐對這次歐美之旅十分滿意，可是，作為旅行社的老客戶，以往長途旅遊線都是包含機場接送的，而這次沒有。

　　陳大姐在得知行程中不包括機場接送時，非常不悅，帶著其他幾位旅伴找小紅抱怨，小紅耐心解釋著，微笑著安撫她們。為了逗她們開心，甚至當著她們的面跳起了舞。

　　陳大姐多次跟她講過，說年輕人反感他們在公園跳舞。

　　小紅這樣一跳，從另一方面表明她是支持並欣賞大姐們跳舞的。

看著把舞跳得彆彆扭扭的小紅，大姐們感激她的用心良苦，算是被小紅的服務態度和耐心打動了。

然而，一切並沒有想像中那麼順利。由於班機時間延誤，陳大姐她們參加的行程少玩了一天，直性子的陳大姐暴跳如雷，打電話給小紅，要求延長遊玩的時間。正在氣頭上的她甚至怒氣沖沖發簡訊給小紅：「我看你是存心跟我作亂啊，我回去再找你算帳。」

看了簡訊，小紅的小臉都嚇白了。很快，她就冷靜了下來。她心裡對自己說：「陳大姐越凶，我越要溫和，失去的那一天已然無法彌補了，要想盡一切辦法，用周全的服務讓陳大姐息怒。你覺得委屈時，就換位思考一下，假如你是客戶，遇到了這種事情，怎麼辦？」

這麼一想，她開始尋找幫助陳大姐的方法，因為回國機票是確定的，無法更改。

等大姐們回國後，她親自接機，同時耐心地幫大姐們聯絡保險公司，提交各種資料，並且針對班機延誤進行保險理賠。

大姐們沒想到小紅服務態度這麼好，對後續事情處理得這麼完善，堪稱完美，這讓大姐們由恨轉為感激，陳大姐拉著小紅的手，說：「女孩，你人真不錯，知道為我們著想，以後陳大姐會把合適的客戶介紹給你的。」

　　後來，小紅說：「我照您說的把自己想成是客戶後，發現自己的工作做得非常不到位。我冷靜下來後，就找到了解決客戶問題的方法。在以後的工作中，我就抱著為客戶解決問題的心態跟他們溝通，沒想到讓我的工作越做越順。」

　　我從事銷售工作以來，感觸最深的就是，做業務讓我學會了如何做人，教會了我怎麼跟人打交道，這是因為我們在業務員工作中，會遇到形形色色、不同類型的客戶，為了與他們進行良好和諧的溝通，我們會不斷地完善自己的說話方式，為人處世的方式，也就是情商和智商都會隨著客戶量的增加不斷快速提升。不過，以我多年的銷售經驗，客戶跟我們一樣，都不想找麻煩。所以，不管發生什麼事情，我們都要耐心地對待客戶、幫他們解決提出的問題。帶著一顆「愛心」來處理與客戶之間的關係，是我們解決所有難搞的事情的法寶。

每一位顧客都是潛在客戶

「你這個款式是適合我，可我想再看看。」

「你說得很有道理，我考慮考慮再答覆你。」……不管是做業務員的讀者，還是當過顧客的讀者，對上面這兩句話都非常熟悉吧，對於業務員來說，這是顧客拒絕的話；對於顧客來說，這就是推拖的話。

我有一位做業務起家的合作夥伴小范，他卻認為說這兩句話的客戶，是真心實意要買的，至於他們說完這些話，從業務員眼皮底下跑掉，那是因為業務員沒有把握住機會。

小范為了驗證自己的話，他在為公司員工培訓時，做了一個小遊戲。這個遊戲是如何讓他們搞定那些總是「拒絕」的顧客，他請兩位員工來配合他完成這個遊戲。很快，他就從員工中選出了兩位「顧客」。分別是 A、B。

A 是一位九年級的美女，她上臺後，變身為一位來我的衣服店裡買衣服的女主管。

事先宣告，我店裡的衣服是專為她這樣的美女準備的，款式和顏色也適合她這個年齡層和氣質的女孩。

她在店裡摸摸這件衣服，捏捏那件衣服：「好不容易出

107

來買件衣服，我還是再看看吧。」她說完向門口走去。

他熱情地說：「這位顧客，我能打擾您半分鐘嗎？」

「說吧。」她禮貌地說。

「請問您是覺得我這店裡的衣服種類少，還是對款式、顏色不符合您的標準？」

「你店裡衣服的款式不錯，也有適合我的，可我想再看看。」她堅定地說。

「常言說，貨比三家，特別是像您這種有氣質、有品味的女孩，看上的衣服應該也是上等、價格不菲的，多看幾家是應該的。」他贊同地說。直接讚美她，也是想間接地誇自己店裡的衣服好。

她笑笑：「好，再見。」

「您慢走。」他熱情地說，「希望您別在我店裡留遺憾噢。」

「遺憾？什麼意思？」她收回腳步，看著他問。

「不好意思，我又浪費您的時間了。」他抱歉地說，「您剛才說店裡有適合您的衣服，您沒有試就看出哪件衣服適合您，這說明您對自己多了解啊。」

「那又怎樣？」她淡淡地問。

「我很佩服您能這麼了解自己，我想問問您看上了哪件衣服。」他小心地說，「不瞞您說，您剛才一進門，我從您與眾

不同的氣質上，就為您選好了一件衣服，這件衣服簡直就是為您量身訂做的。」

「哪件？」她走到他跟前，接著笑了，「你們業務員的嘴，能把死人說活，我今天算是領教了。」

他拿出一件衣服：「您試試再給我們下定論嘛，這樣也算是有圖有真相了。我不敢保證您能否看上這件衣服，但我敢保證，您要是穿上這件衣服在外面走一圈，回來保證讓我店裡客滿為患。試試吧，就算幫我這件衣服做個廣告。」

她笑起來，「這衣服有你說得那麼好嗎？」

「您看，您還是不了解自己，不是我的衣服好，是您的身材和氣質好，才把我的衣服穿得美輪美奐的啊。」我實心實意地說，「這樣吧，您不買沒關係，就試一試，讓我看看我的衣服穿在適合的人身上，到底有多美！」

A 大笑著，「這衣服，我不試了，直接買了好不好？」

在 A 和員工們的笑聲中，B 上場了。

B 是一位七年級生，顯得成熟、穩重。他演的是「潛在」客戶──對介紹的產品感興趣，但還沒有最終拿定主意下單。

「你說得很有道理，我考慮考慮再答覆你。」B 用不容置疑的口吻回答。

「先生您可以考慮考慮。我看您在逛時，對灰色和黑色的

關注比較多，您更喜歡黑色還是灰色？」小范問道。

「我再考慮考慮。」他一邊看著我手裡的話筒，一邊鎮靜地回答。

「那您好好考慮考慮。我看您一直盯著我的話筒看，我的話筒是黑色的，您是不是喜歡黑色的？您眼光不錯，黑色是大眾顏色。」小范說道。

「我再考慮考慮。」他說。

「請問您大學讀的是什麼科系？」小范問。

「市場行銷。」他冷靜地回答。

「難怪您對這款產品有興趣，而且挑的顏色也是很多客戶喜歡的，很有眼光啊。我給公司打個電話，看看這款產品，這種顏色還有沒有？」

「我要考慮考慮再給你答覆。」他回答。

小范邊撥電話邊問：「先生，我打電話不會影響您思考的，我就是確認一下，您是說需要20件吧？」

「不是。」他搖頭。

「哦，那是30件？是30件還是40件？」小范撥通了電話，「我擔心公司沒這麼多貨了。」

「10件。」B回答。

「好的。」小范對著手機說，「10件黑色的。您稍等，我問問客戶。」小范轉過頭問B：「請問您是刷卡，還是現金，

或者是用支票？」

「刷卡吧。」B隨口說道，「不，行動支付可以嗎？」

「OK！」小范笑著打了一個勝利的手勢。

B撲哧一聲笑起來，對我說：「老闆，你說話太有趣了。我再裝下去就崩潰了。」

小范鄭重其事地向員工分析第一個客戶：

當客戶說「你這個款式是適合我，可我想再看看」時，你要明白，這其實只是客戶常說的一種藉口而已，你千萬別以為他還會再來光臨，所以，你要做的就是先穩住對方。

穩住客戶的方式，就是用「好話」得寸進尺地讓其留下。先誇客戶，誇好客戶後，也能為我們的產品進行宣傳。當然，誇獎的話要建立在「事實」的基礎上，比如，客戶明明長得身材矮胖，你偏偏誇其苗條，這會讓客戶反感的。用話吸引住客戶後，你再自然地轉移話題。

下面，小范又分析了第二個客戶：

當客戶說「你說得很有道理，我考慮考慮再答覆你」時，你不要被他的話牽著走，而是在心裡確定他一定要在今天下單。有了這個決心，你在跟客戶說話時，就只沉浸在你的世界裡就可以了。

這叫什麼？這叫洗腦。洗誰的腦？不是洗客戶的腦，而是洗自己的腦。為什麼一些人們不看好的一些情侶，到最後

都走入了神聖的婚姻殿堂，而且還過得不錯？就是因為他們彼此堅信對方能成為自己的另一半，才不會被周圍人的情緒所左右。

小范說：「我堅信 B 今天要下單，所以在心裡不會在意他說的話，而是問一些引導他下單的話。」所以，我們做業務的，要學會把每一個客戶，都當成準客戶，這樣我們的思維會改變，言談行為也會往「成交」方面靠攏。

由此來看，最成功的業務員就是百分百相信自己一定能成交客戶，因為不以成交為目的銷售溝通就是浪費彼此時間的小騙子。而愛客戶最好的方式就是成交他，讓你有機會為他提供最適合他的服務！讓你成為他私人的產品顧問。銷售是信心的傳遞和情緒的轉移，你必須先說服自己，才能說服別人。沒有哪一種銷售不是被說服的過程，高級銷售是展示個人品牌無形說服的過程，菁英銷售是價值的互換，普通銷售是給予滿足客戶的需求加上附加價值的轉換！

為顧客著想

　　小洋在公司當業務快一年了，還沒有簽過一筆大單。倒是有很多聊得不錯的潛在客戶，可是他們都很精明，閒聊時都說得不錯，但當小洋一談訂單時，客戶就找藉口婉拒了，說他們公司的產品價格高。

　　有一天，小洋的朋友介紹了一個大客戶給他，要和他簽金額 100 萬的單。」

　　但小洋一點也高興不起來，反而覺得好糾結。

　　原來，小洋費了九牛二虎之力談成的這筆大單，就在快簽單的前一天，他看到公司競爭對手的產品，無論是在品質，還是型號等方面，都很適合客戶。其價格也比他們公司的低。

　　「你快一年沒訂單了，再做不出業績，就算公司不辭退你，你也不好意思在公司待了吧？」小洋的朋友勸他。

　　「反正客戶又不知道這件事，你就裝作也不知道不就得了。」另一個朋友給他出主意，「你這筆訂單，不僅為公司賺了錢，以你拿的抽成，你半年不工作都夠了。」

　　小洋有點動心，他甚至想到拿了抽成就走人。但他心裡

也只是想想而已。他想：「做業務是為了錢，但不能為了錢不擇手段啊。如果我為了錢，從這家公司離開後，再遇到新的誘惑，又離職，十年後，我將不是一個業務員，而是錢的奴隸。」

小洋決定如實告訴客戶，讓小洋始料不及的是，客戶聽了他的推薦，十分感激他。雖然沒有跟小洋成交，但這個客戶幫小洋介紹了很多朋友來合作。後來，客戶還成了小洋的朋友。

做業務跟做其他事情一樣，跟人交往時，要善於為別人考慮。想別人所想，急別人所急，這種看似「吃虧」的做法，卻會讓你賺很多。

顧客是最容易感恩的，你為他們的利益著想，他們也會為你的利益著想。即使此次合作不成功，下次他們一定會找機會，甚至介紹親朋好友跟你合作的。

「以客戶利益為先，追求利潤次之」的原則，當兩者發生衝突時，業務員要「毅然決然」的捨棄自己，來維護客戶的利益。也許你會覺得這有點傻，但是，這看似吃虧的做法，很可能會給你帶來意想不到的收穫：

小楓十年前開始做業務的，現在是公司裡年薪七位數的銷售總監，他現在已經不出去跑客戶了。十年前他談的那些客戶，至今不但仍然在跟他合作，並且還時不時地把親戚、朋友拉進來。

小楓是怎麼不用放長線，就能釣到這麼多大魚的呢？

我們從他剛做業務時的一件平常小事說起吧。

小楓做業務前，曾經被一位業務員所傷。當時，他裝潢新房時，聽信商場業務員的話，買了一款新型熱水器，從裝上那天起，不是這裡壞了，就是那裡出了毛病，沒有消停過。打電話給業務員時，對方總是找各種理由推辭。

小楓一氣之下，換掉了這個牌子的熱水器，花錢買了另一個品牌的熱水器。令他欣慰的是，他新買的熱水器，用了一年多，從來沒出過毛病。期間業務員還多次打電話回訪，問他熱水器的使用情況。

從那以後，小楓的親朋好友一買熱水器，他就會建議他們買他用的品牌熱水器。順口會把那個品質差的熱水器貶低一頓。於是，在他的朋友和親戚裡，大家都知道了被他罵的那款熱水器品質不好，再便宜都不能買；而他用的那種品牌熱水器，再貴也得買。

這件事讓小楓悟出一個道理：最好的業務員，是要多為顧客的利益著想，把服務做好。

小楓做業務後，他的工作理念就是多為顧客的利益著想。

第一天上班時，有個客戶一見到他，就把一張寫有購買產品要求和型號的紙條給他。客戶問他有沒有這種型號的產品。

　　小楓看後，皺起了眉頭。幾經考慮，他對客戶說：「有是有，不過，我在看了您寫在紙條上對產品的要求後，覺得您要的機型與實際需求的配置有些出入。當然，按照這樣的配置使用起來是沒有任何問題的，但是要達到好的效果，機器數量和機型容量都可以減少一些，這樣不但會讓您公司的投入適當降低一些，在品質上還能達到更好的效果。」

　　客戶不解地說：「哦，是嗎？我們公司好幾個工程師都先評估過的。」

　　小楓心裡一震，但仍然沒有放棄，為了保險起見，他拿起電話，打電話給自己公司的工程師，講明情況後，工程師請小楓把客戶寫好的型號和規格發過去，他三天後給答覆。

　　接著，小楓對客戶說：「我擔心您要的貨有誤，就請我們公司的工程師幫忙看一下，三天後才能有回信，麻煩您和公司商量一下。如果您公司主管不同意，我們再另想辦法。」

　　客戶在給公司打過電話後，同意了。

　　三天後，小楓公司的工程師評估後發現，客戶那方的評估有誤。等客戶來取貨時，雙手握著小楓的手，連聲說：「太感謝您了。其實我在這之前打電話給很多公司，只有您處處為我們著想。我現在就給您訂單，並且，我們公司也決定，你們公司就是我們的長期供貨商了！」

　　小楓在工作過程中，一直這樣堅持站在客戶的立場想問題，始終以客戶利益為先的實際行動感動客戶，同時，也為自己爭取到很多長期供貨的客戶。看來，當我們為客戶著想時，客戶的表現自然不會讓我們失望！

　　現實中，還有很多業務員不認同應以客戶利益為先的觀點，或者即使認同，但也沒有認真地去執行。他們的做法無異於經常把「上帝」掛在嘴上，卻沒有放在心裡和實際行動中，要知道，這樣的做法等於零。

　　只有真正維護客戶利益的業務員，才能締造銷售上的傳奇。

　　當你為客戶省錢時，客戶才會讓你賺錢。因此，當你與客戶溝通時，把自己和客戶拉到同一個戰線上，與客戶並肩作戰吧！你的目標不再是如何銷售產品，而是如何讓客戶花最少的錢買最好的東西，一旦你這樣做時，就會發現身邊的客戶越聚越多，你們合作的氣氛越來越和諧，更讓人意外的是你還輕鬆地賺到了很多錢。

　　設身處地替客戶著想，業務員若能以客戶利益為優先，悉心地為其提供周到的服務和幫助，替他們解決問題和困難，你的客戶才會意識到你是在幫助他，而非只是想從他口袋裡掏錢，繼而降低心理防線，放心地接受你，增進對你的信任，這樣你和客戶的關係會更加穩固，合作也會更加長久。

那麼，如何為顧客的利益著想呢？可以從以下幾方面去做：

■一、讓客戶了解購買產品為自己帶來的利益

業務員務必讓客戶了解，業務員和客戶是一個利益博弈的過程，你們雙方是受利益驅使的。想要實現銷售成功，業務員需要透過與客戶溝通達成雙贏。而產品既是實現利益的立足點，又是增進雙方感情的潤滑劑，業務員只有讓客戶了解購買產品為他帶來的利益，才能吸引客戶對產品的關注。

例如，當客戶對是否購買產品拿不定主意時，業務員就要誠懇地對客戶說：「這款產品能為您創造更大的效益，會讓您從中獲得巨大的利潤。」當客戶感受到利益的存在後，就不會心痛錢，從而增強購買欲望。這樣一來，雙贏就能得到進一步實現。

■二、讓客戶了解雙方合作的好處

在與客戶談判時，業務員要盡可能地讓客戶了解，你希望與他長期合作。長期合作，無論對客戶還是業務員本身來講，都有一定的好處。因為業務員開發一個新客戶，往往比接待老客戶費時費力得多；而對於客戶來說，對產品足夠了解與掌握也會為他們節省很多精力和時間，同時，還面臨著售後服務是否到位等等。

■三、讓客戶了解產品是自己的需求

在談判過程中，當客戶自我需求得到滿足以後，往往會主動做出成交決定。所以，業務員在向客戶銷售產品時，要盡可能地從客戶的實際需求出發，弄清楚他們需要什麼或者在哪些方面面臨難題，並採取適當的方法予以解決。

例如，在向客戶介紹產品時，你可以說：「貴公司對產品品質要求很高，而我們的產品也以優異的品質贏得了很多大型合作夥伴，相信我們合作會非常愉快的。」

這樣不但讓客戶從這場交易滿足了預想的要求，還能為他贏得其他好處。他們大多會表現得更加積極，以一種「實現成交可以使我得到某些益處」的態度與業務員進行談判，從而提出成交。

讓客戶感受到你的誠意

幾年前的一個夏天，我出差幫一個電器品牌代理商訓練，在回程的高鐵上，旁邊座位上有一位年輕人在用手機打電話，他氣急敗壞地對著電話喊道：「您購買時，我就告訴您了。保固期是一個月，保固期過後，根據產品問題的原因，請維修人員幫您修，但您得付檢測費……」

電話那頭傳來咆哮的聲音……「退貨，不可能，投訴我？憑什麼？……」

「啪」的一聲，對方掛電話了，年輕人瞠目結舌、滿臉沮喪。憑著我近二十多年的銷售經驗和電器代理商訓練現場的實務回饋意見，我斷定他賣出去的產品出了問題，但客戶拒絕配合解決。

在我銷售職業生涯早期，這種事情天天遇到，我知道此時他要怎麼做，才能夠完美和諧地解決這個問題。不錯，我必需發揮我作為銷售前輩愛管「閒事」的一貫作風：教他處理好這件事！

多年來，我這個經常幫企業訓練銷售冠軍的黃教官，決定發揮自己當過 N 次銷售「冠軍」的強項。

「嗨！帥哥好！」年輕人顯然還沉浸在難受糾結的情緒裡，聽到我的聲音，他滿臉戒備地看著我，或許看到我並沒有惡意，他禮貌性地回我：「您好！」

「你是南部人？」我從他的回話中聽出了維修地點，看他點頭，我回答，「我也是。」

聽到是同鄉，他話多起來，告訴我他不是土生土長的南部人，但大學畢業後，就來到這裡工作，在他心裡，這裡就是他的第二個家……我一邊配合他講話，一邊感慨：「你真的很像我二十多歲的時候 —— 勤快、熱情、能幹。」他開始產生興趣，問我是做什麼職業的。在得知我從事過二十多年的銷售工作時，他的話更多了起來：「老師，在銷售界，您可是前輩，您在這方面有經驗，您告訴我，我們銷售是為了什麼？」

我堅定地說：「愛。」

「為什麼？」

「因為唯有愛才能帶來持久的安全感和溫暖。」我答道。

他怔怔地看著我，有點不相信地說：「這怎麼可能。實不相瞞，我剛才就是在跟一個客戶通電話，那個客戶買了我向她推薦的太陽能熱水器。她買時我一再對她說，如果一個月後出現問題，我們的維修人員上門維修時，客戶要付三百塊的檢測費。可客戶就是不同意。」他終於進入了我設計好的幫助他的愛的大門

「這個問題很好解決嘍。」我微笑著說,「來,您把客戶的電話給我,我給她回個電話。」他再次驚訝地看著我,卻還是毫不猶豫地把對方電話號碼告訴了我。

他就是小黃,後來成為我的徒弟,現在在一家電器公司擔任銷售總經理

如果你愛他,就讓他去做業務,因為你可以讓他更快地了解人生、了解你;如果你恨他,就讓他去做業務,讓他嘗盡人世間的酸甜苦辣。這是最痛快的報復!

這句話,是我從事銷售最初的兩年裡經常分享給身邊的銷售新人們的。我始終相信,在做業務的過程,就是跟顧客在相「戀」相「愛」的過程,說得直白、透澈一點,銷售工作的過程,其實就是一場「愛」的旅行。

《羊皮卷》(*The Scroll Marked*)中說:「強力能夠劈開一塊盾牌,甚至毀滅生命,但只有愛才具有無與倫比的力量,使人們敞開心扉。在掌握了愛的藝術之前,我只算商場上的無名小卒。我要讓愛成為我最大的武器,沒有人能抵擋它的威力。」

這段話告訴我們,業務員最重要的特質就是愛心。

為什麼很多業務員被人拒絕,甚至讓別人避之唯恐不及呢?為什麼很多公司的門口都寫著「謝絕推銷」呢?因為大家覺得業務員只是想賺自己的錢。

　　有些業務員推銷產品，無論他說得如何的天花亂墜，顧客知道他的目的就是想賺自己的錢，這樣的推銷又怎麼會成功呢？然而，假如你推銷的不僅是商品，而是暖暖的關愛、及時雨式的滿足需求甚至貼心的關愛那就大不相同了。

　　我還記得我推銷的第一筆生意。

　　那時，為了宣傳公司的保健品，我在一個市集上擺攤免費為客戶提供諮商和理療：

　　「女孩，我在家天天鍛鍊身體，根本不需要保健品，就算是需要也會在藥局買，你還能給我免費理療嗎？」一位老奶奶來到我面前問。

　　「奶奶，您買不買都沒關係，理療我一定幫您做，其實您這是幫我呢，因為我在外工作根本沒有時間孝順奶奶，所以，幫您也就是在孝順我奶奶。」我的話還沒有說完，老奶奶就面露微笑的坐下了。

　　為了讓老奶奶感覺到體貼和溫暖，我一邊給她理療一邊給她話家常，由此得知她姓劉，已經退休，平時沒事就愛逛街蹓躂。

　　「年紀大了，兒女都成家了，他們工作忙，沒時間回家看我。」劉奶奶話多了起來，「我逛街時碰到打折的東西就買，一買就買好多，再給孩子們送去，其實是想借送東西的時間，跟他們多待一會兒……」

　　我聽完很難受，彷彿看到老家的奶奶想我的時候也是這樣的無奈和落寞。我心想：「天底下父母的愛一樣偉大！！」於是我立刻對她發出邀請：「那您以後有時間就來我這裡。就算您幫我個忙，您看我這裡也沒幾個顧客。」我熱情地邀請她，「順便給您理療，您也順便給我湊個人氣，做個宣傳。好嗎？」

　　我之所以這麼說，是想讓劉奶奶覺得她來這裡，不是打擾我，而是「幫助」我，這樣能讓她感到自己有價值和成就感。

　　果然，從那以後，劉奶奶幾乎每天都來，我忙碌時，她在一旁和客戶閒聊，聊著聊著就開始表揚我如何如何好，講著講著竟然把我平時認真跟客戶介紹的產品專業知識也用上了！

　　看到這一幕，我簡直大吃一驚。在劉奶奶主動積極、熱情的宣傳下，越來越多的顧客開始買我的產品。我也因為劉奶奶的幫助成為公司銷售冠軍。

　　我跟劉奶奶的這段快樂的經歷，讓我們成了「忘年之交」，後來她家裡需要什麼東西她都會請我幫她買，甚至她家裡的大事小事都要我幫她拿主意。他兒子為此「吃醋」地笑稱：「我媽對阿彬比對她的親孫女還親。」劉奶奶笑道：「一樣親一樣親。」

這些來自客戶的「好評」，讓我感到非常自豪！

在這個世界上，所有難辦的事情，都是用愛結盟。

推銷絕不是讓你降低身分去取悅客戶，更不是為達成結果不擇手段，高效、甚至持久的推銷是跟客戶像朋友一樣交往的同時，我會給你最合理的建議。當你剛好需要時，我剛好有這種產品，並知道產品的專業知識和適合你的方案而已。

在向客戶推薦時，你要懷著一顆感恩和博愛的心跟客戶交流，真誠的心加專業的分享和真誠的服務，讓客戶心甘情願地、開開心心的買你的產品，同時還要和你成為好朋友，更重要的是，因為你提供了及時專業貼心的服務而讓客戶對自己當初買產品時的英明決定大大認可，認可的最好方式就是忍不住分享給自己身邊的親朋好友，那是一種「炫耀」，那份天生的喜樂熱情讓你從普通的銷售人員瞬間變成「明星」，你想不和他的朋友互動都不能，讓客戶自動幫你轉介是擴大銷售的關鍵！快速建立你的銷售管道，讓客戶滿意，本能自發地轉介是關鍵，記住，售前的「戀」和售後的「愛」是你成功持續銷售的兩大關鍵。「戀」是電光一閃的機緣，「愛」才能「天長地久」的持續，你對客戶是否真的「愛」，你是否真的「一切為客戶著想」，初衷過程細節都是愛的完美展現，所以售後服務的關鍵是：愛的促進。

　　我就是用「愛的促進」這一方針，在高鐵上幫助小黃有效又輕鬆的解決難題的：

　　「您好，請問你是某某女士嗎？我是某某公司的，一個月前，您在我們這裡買了太陽能熱水器，我們的業務員小黃說您的熱水器出了一點問題。」在跟小黃的客戶通電話的時候，我語調溫和、語言簡潔明瞭有禮貌，語調中的節奏顯示出我的專業，「我們公司得知您的情況後，已經為您列出了解決方案。」

　　「不管你們提出什麼解決方案，我都不會付錢的。」客戶抱怨著，「快點給我退貨。」

　　「沒問題。」我耐心地說，「我們的業務員小黃已經向公司反應過您的問題了。為了幫助您修好熱水器，這次的費用由他來出。他還請公司最好的維修師傅馬上過去幫您維修，直到您滿意為止。」

　　電話那頭的客戶似乎愣了一下，接著滿口答應，不再提「退貨」的事情。

　　聽說客戶不再要求退貨，更沒有提投訴一事，小黃十分高興。左一個揖，右一個揖，滿面春風說：「老師，我要成為你終身的學生，我要請你吃大餐……」

　　不久，他打電話告訴我，他跟著公司的維修師傅一起去了客戶家，幫客戶修好後，客戶對他們的服務非常滿意，並主動付了三百元的維修費。

小黃說,「老師我要向你學習和客戶不僅要幸運的『戀』上還要長久的『愛』上」。半年後的一天小黃又打來電話興奮的說「老師!老師!上次那個問題客戶主動幫我介紹她的好友,在一家物業公司當主管的客戶……」轉介帶來的擴大銷售,果然是「愛」上的魅力!

業務員的作用是幫助乾柴和烈火碰在一起,然後燃起熊熊大火。貧民逆襲,逆轉人生!在銷售的世界裡經常出現,只要你相信並且有足夠的愛心,你就可以成為世界最有影響力的人之一。任何負面的情緒在與愛接觸後,就如同冰雪遇上了陽光,很容易就融化了。

當客戶對你發脾氣,你把他想像成初戀對象,你就會沒脾氣甚至享受這個過程,當你始終對他禮貌包容、專業接待和服務的時候,就算不買也會影響、改變他先前的情緒,從而令你身邊永遠都是正能量磁場。磁場對了,客戶就會回頭來找你。

一個成功的業務員,一定要有發現身邊每個人的美和獨特的地方,並在適當的時候當面對他說出來,同時還要有一顆時時、處處尊重普通人的心。

「愛」不能偽裝,更不是刻意為了你才做,而是感恩,同時一定要有一顆尊重人的愛心。愛心要展現在對客戶的每一個細小的行為中。

　　作為一名熱愛銷售產業的人來說，我相信，做業務最大的收穫，不是抽成多少，不是晉升，不是增加了炫耀的資本，更不是為了完成業績目標。最大的收穫是：我們的生活中多了一個信任你的人！

　　當我們在工作中遇到困難時，要堅定一個信念，即，推銷是一場「愛」的旅行。有了這個信念，我們就不會在工作中推責於別人，而是改變自己，從自己身上找原因。在愛的感召下，給客戶最好的、最合適的建議。

　　最後我再重申一遍我們的銷售理念：推銷是一場「愛」的旅行，先讓顧客體會到你的愛，再讓顧客感受到你的誠意！

第四章

洞察客戶心思，營造和諧談話氛圍

尊重的言語，迅速贏得客戶認同

尊重人，是一切禮儀規則的核心。尊重別人是一種涵養，也是一種品格。你如果希望別人尊重你，首先就得學會尊重別人；你要想獲得別人的支持，更要懂得支持別人。

看那些在各個領域獲得成就的人，在為人處世方面，都是建立在尊重別人的基礎上的。

在南北朝時期的齊國，有一個叫陸曉慧的人，他才華橫溢，博聞強識，為人更是恭謹親切。他曾在好幾個王的手下當過長史，可以說是一個高高在上的人了，然而他卻從來不把自己看得很高，前來拜見他的官員，不管官大官小，他都會以禮相待，一點兒也不擺架子。

每位客人離開時，他都會站起身親自將對方送到門外。

有一個幕僚看到這種情景，很難以理解，就對他說：「陸長史官居高位，不管對誰，哪怕對老百姓也是彬彬有禮，這樣實在有失身分，更是什麼也得不到，長史何必這樣麻煩呢？」

陸曉慧聽了，不以為然地輕鬆一笑，說道：「欲先取之，必先與之。我想讓所有的人都尊重我，那我就必須尊重所有的人。」

陸曉慧一生都奉行這個準則，所以得到非常多的人的尊重和支持，他的政績也遠遠地超過別人。

我是幾年前看到這個歷史故事的。這個故事讓我明白，一個人無論從事什麼工作，想要在職業的道路上走得更遠，決定權將不是專業能力，而是你「待人接物」的溝通能力。所以，我們做業務的，由於經常和形形色色的客戶打交道，要學會懂得如何把「尊重」演繹到淋漓盡致。

小蒙是某公司的業務主管，有一天，他到國外一個城市出差，在飛機上跟一位做風險投資的經理人聊天，或許是職業的原因，不知道為什麼，聊著聊著小蒙就說到了公司，說到了他公司生產的產品。談話結束時，這位經理人提出要買一箱他們公司的產品。

「您又不是開店的，買這麼多產品做什麼？」小蒙真誠地對經理人說「我買你的產品如何用，你就不用管了。」他笑著說。

「您為什麼這麼做？」小蒙不解地問。

「跟你聊天，不但能讓我感受到愜意，更是受到了尊重。」他說，「這種快樂是我花多少錢都買不來的。你這樣的人，推銷的產品也會不錯的。為了回饋你給我的溫暖，我就想買你公司生產的產品，送給親戚朋友。」

這就是尊重別人的好處，作為業務員，如果你在跟客戶

談話時，能讓客戶得到他們想要的尊重，難道他們還會拒絕你為他們提供的服務嗎？他們還會拒絕你推銷的產品嗎？

小劉在公司做業務快一年了，雖然他一個客戶都還沒有談成，但他每天都信心滿滿。為此，公司主管對他說：「你的銷售精神和勇氣可嘉，不過，做業務除了要有勇氣外，還要有方法。這些方法是從失敗的經歷中得出來的。你把今天為什麼在客戶那裡吃閉門羹的原因找出來。」

小劉愣了一會兒才說：「嗯，這個嘛，還真不好分析。我敲門後，客戶開門看到我，先是一驚，接著不等我說話，就說一聲『嚇我一跳』，然後把門關上了。」

聽了小劉的話，主管問他：「你敲了客戶的門後，是不是就站在門口等，生怕客戶開門後看不到你？」

小劉點點頭，說道：「是呀，我好不容易敲開了客戶的門，還不趕緊站門口向他們推銷。」

主管說：「這是你被拒絕的關鍵原因。」

實際上，不只是客戶，任何人都需要被尊重。試想一下，假如你是客戶，一開門就有人站在你門口推銷，自然會感到反感。

阿爾弗雷德·富勒（Alfred Fuller）是美國一個經營清潔用品的鉅富。十八歲時，他隻身到波士頓打天下。他從業務員做起，一步步地成為了大富豪。

富勒認為清潔用品很有市場，所以，他決定從清潔用品開始。

他很善於開拓新市場，每找到新客戶時他總說：「除了我現有的產品，您日常生活中，是否還需要特殊用途的刷子？」

富勒為人謙和，他和客戶說的每一句話，都能讓客戶感覺到充分的被尊重。

一戰初期，富勒看到士兵們用布條擦槍，極不方便又辛苦，於是他想，如果改用刷子擦不就輕鬆了？他在向軍方推銷時，是這樣說的：「我看到大家擦槍時太辛苦，想向您講講我的想法，或許能幫助到您們。」

在得到對方的許可後，他才會講下去。

軍方立刻接受了這個建議，並與富勒公司簽訂了合約，由公司提供 4,000 萬把各式各樣的刷子。

富勒的話之所以能讓客戶們感覺受到了尊重，是因為他總是用一種商量、為顧客著想的口氣說話，這才讓他的刷子銷量越來越大。

目前，世界各地的富勒公司的業務員，每天約有 10,000 人要分別去拜訪 25 萬個客戶。

富勒是上門推銷出身的，所以他對推銷有著特別的體驗。他常把自己以前的親身經歷告訴他的業務員們：

有一天下午，天氣很冷，路上的積雪有一尺多深，我戴著皮帽子，穿著厚重的衣服，去按一家客戶的門鈴。那天的風很大，我為了避風，緊靠著門口站著。來開門的是一位婦女，當她一開門，見到我就站在她面前，嚇得脫口大叫起來，同時，砰的一聲把門關上，奔回屋裡。原來她把我當成壞人了。

後來，我曾訪問過很多客戶，他們也都有同感，認為開門見到外面的陌生人距離自己太近的話，即使不嚇得大聲喊叫，也會有一種很突然的感覺。

有人說，親人之間有點距離，是尊重；那麼我說，業務員向客戶推銷產品時，有點距離也是尊重。

你別擔心距離遠了，客戶會看不到你。只要你趕在客戶看到你之前的那兩秒鐘，用真摯的語氣，說出充滿溫暖的這一句話：「您好，不好意思，打擾您了。」客戶一般是不會拒絕的，即使拒絕，也會有所猶豫。

人們常說，距離產生美。人與人之間相處也是如此，需要保持一定的距離。關於遠近自己定，恰到好處的距離，不但讓你感到輕鬆，而且還會讓對方感到被尊重。

我們做業務時，更是如此。特別是上門推銷時，你在跟客戶保持距離的同時，還要用話說出你對客戶的「尊重」來。

　　富勒說過，任何一個有雄心的年輕人，都能走上成功之路，但必須要勤奮；不但要手勤腳勤，更要動腦筋。在生意場上，富勒不相信幸運者。他說：「也許有人有比較好的發展機會，但問題的關鍵是，你有沒有能力把握住這一機會？即使機會把你送上一步，你有沒有能力再往上爬，能不能保證不摔下來？一輩子都想靠運氣成功，那是痴心妄想。」

　　富勒覺得業務員在推銷時要掌握 5 個守則，如表 4-1：

表 4-1 業務員要掌握的 5 個守則

1	當你按門鈴後聽到有人出來開門時，一定要後退五、六步，不可靠著門站著。因為有的女性客戶害怕陌生人。
2	訪問新顧客時，要送給主婦一點實用的小禮物，不管對方買或不買，可以沖淡打擾人家所引起的反感，對客戶也是一種起碼的尊重。
3	見客戶時，一定要怡然大方、服裝整潔，不要讓人誤認為你是落魄人。
4	利用機會為客戶做點小事情，如放在門下的報紙，你不妨把它抬起，疊好後交給主人，凡是應拾起的東西，都要順手代勞。
5	不經客戶允許，絕不擅自進入顧客家裡。

幽默的言語，營造成交的氛圍

我的表妹在某商場承租了一個櫃檯，專賣知名品牌服裝。

有一次，我有事去她店裡找她，正碰上她跟客戶說話。下面是她與一位試過衣服的男顧客的對話：

「我們這個品牌的衣服可是從法國進的，請的還是美國好萊塢的名人做代言，品質沒話說，就是價格高一點，一般人買不起。」

該款衣服確實昂貴，表妹說這話的本意，是想強調衣服的名牌效應。沒想到，男顧客聽後，臉拉得很長，氣呼呼地說道：「你的意思是我沒錢買？」

表妹看到對方生氣，連忙說：「我不是這個意思——」

「那你是什麼意思，你不就是看我穿得普通，買不起嗎？」男顧客因情緒激動，臉漲得通紅。

我見情形不對，連忙走過來解圍：「其實我覺得價格是次要的，關鍵是合不合適，就像很多男人都喜歡林志玲，覺得她很美，把她當作夢中情人一樣，但她可不適合當自己的老婆呀，您說是不是這個道理？我覺得這套衣服穿在您身上太適合不過了，配上您的氣質，讓您強大的氣場得到很好的發揮。在

你身上說個帥字我都感覺到俗氣。如果您也把林志玲當過夢中情人的話，我勸您以後趕快改了吧，別把林志玲當夢中情人了，我猜想您這樣穿出去一定是她的夢中情人！」

男顧客聽我這麼一說，噗哧一聲笑了，說道：「您說話真逗，告訴您吧，我的夢中情人還真是她。來，給我把衣服包起來吧。」

然後買單走人。

表妹在一旁驚得目瞪口呆，好半天才回過神來，對我說「一姐，你真神了。他剛才試衣服時，我覺得他穿著確實滿合適的。也想誇誇他，沒想到還沒誇呢，卻適得其反。要是你剛才不幫我解圍，我這筆生意就泡湯了。」

「所以嘛，你要學會用幽默的話跟顧客調侃。」我笑著說，「顧客跟我們一樣，喜歡聽一些好話。作為業務員，你說得過了有獻媚之嫌，不說又讓顧客覺得買了吃虧。這時你不妨幽默一些。」

幽默是一種最富感染力、最具有普遍傳達意義的交際藝術。幽默在人際交往中的作用是不可低估的，俗話說「笑一笑，十年少」，人們大多喜歡和具有幽默感的人交往，因為他們能給人帶來一種心靈上的愉悅和輕鬆！

在銷售過程中，交易的本身容易讓客戶充滿戒備與敵意，如果我們業務員能夠適當地運用幽默的銷售技巧，就能

夠消除客戶的緊張情緒，讓我們跟客戶的整個溝通過程變得輕鬆愉快，充滿人情味。所以，幽默的業務員更能獲得客戶的歡迎，取得他們的信任，促使交易走向成功。

業務員幽默的語言不但能讓顧客在心裡認同你，還能讓你在銷售中有化險為夷的作用。朋友 J 在某證券公司做業務員。他在與客戶談判時，經常運用幽默來使自己避免尷尬。

小麗是房屋仲介公司的業務員。有一次，她帶著一對打算買房的老夫婦去看房。在路上，女客戶說了打算買房的理由：

「我們在市區住了 20 多年，那房子雖然大，但是太吵了，房子緊挨著馬路，早上五點多就聽到公車的進站聲了。附近綠地環境也不好，連一塊草坪都沒有。」

小麗聽後，心裡明白，這對老夫婦對房子的唯一要求，是環境要好。於是，她在帶他們去看房子時。一路上不厭其煩地指著路邊的花花草草、假山流水跟老夫婦嘮嘮叨叨：

「叔叔，阿姨，看到了吧，你看這樹，這遍地的鮮花綠草，還有那裡的假山綠水，這哪裡是市區，完全是一個秀色可餐的江南小鎮啊。我這樣對您們說吧，住在這社區裡的居民，只要是搬來了，都不會離開這裡的……」

小麗的話還沒有說完，三人就看到前面有一戶人家正在搬家。小麗立刻說道：「叔叔，阿姨，您們看看吧，這位中醫鄰居，在這裡開了一家診所，但因為這裡環境好，空氣

好，安靜，每個鄰居都願意出來鍛鍊身體，沒人生病，導致他生意慘淡，不得不另尋出路了。好可憐啊………」

客戶聽後笑了起米。

幽默語言是一種特殊的語言藝術。它是我們適應環境的工具，是人類面臨困境時減輕精神和心理壓力的方法之一。為此，俄國文學家契訶夫（Anton Chekhov）說過：不懂得開玩笑的人，是沒有希望的人。

身為業務員，因為時刻跟各式各樣的人打交道，所以，更要學會幽默。我們在為客戶帶來幽默快樂的同時，還會愉悅自己。讓自己多一點幽默，少一點苦悶；多一點幽默，少一點偏執。

具有幽默語言的業務員，生活充滿情趣，會使人感到和諧愉快，相處友好，銷售也自然成功。

幽默可以淡化人的消極情緒，消除沮喪與痛苦，為別人帶來歡樂。

每一個人都喜歡和幽默風趣的人打交道，而不願和一個死氣沉沉的人待在一起，所以一個幽默的銷售人員更容易得到大家的認可。

小蘇是一位保險業務員。有一次，他聽了一位老師的課後，就對老師說：「老師，我聽了您兩天的銷售特訓營，感觸太深了，我知道這個月回去我的業績一定大有提升。為了

回饋您我決定為您服務。」

這位老師知道小蘇是保險業務員，就笑著拒絕：「雖是同行，但我對保險公司的辦事效率保持懷疑態度。所以，請原諒我不能配合你，明確地告訴你，我拒絕你的服務。」

小蘇熱情地說：「老師，您之所以懷疑保險公司的辦事效率，那是因為您還沒有遇到我。您知道我的辦事效率有多高嗎？實話告訴您，我曾經服務過的一個客戶的故事吧。我的一位客戶不小心從樓上摔下來，還沒有落地的時候，我已經把賠付的支票交到了他的手上。」

聽了他的話，這位老師笑了。暫時打消了對保險的疑慮，心裡開始想：「如果我選擇保險公司，第一優先選的將是他。」果不其然，後來他真的成為小蘇的客戶

幽默可以說是銷售成功的金鑰匙，它具有很強的感染力和吸引力，能迅速開啟顧客的心靈之門，讓顧客在會心一笑後，對你、對商品或服務產生好感，從而誘發購買動機，促成交易的迅速達成。所以，一個具有語言魅力的人對於客戶的吸引力簡直是不能想像的。

我的朋友小龍做業務員不到三年，他不但口才好，而且反應敏捷，善於隨機應變。

有一次，小龍正在銷售他那些「折不斷的」繪圖尺時，他說：「看，這些繪圖尺多麼堅韌，任憑你怎麼用都不會折斷。」

為了證明他所說的話正確，他捏著一把繪圖尺的兩端，使它彎曲。突然「啪」的一聲，原本完好的繪圖尺頓時變成兩截塑膠斷掉了。

這個時刻，一般人會很驚慌的，但機靈的小龍把它們高高地舉了起來，對圍觀的群眾大聲說：「請仔細看看吧。女士們，先生們，這就是繪圖尺內部的樣子，我們拆開看看，瞧它的質地多好啊！」

出色的銷售人員，是一個懂得如何把語言的藝術融入到商品銷售中的人。可以這樣說，一個成功銷售人員，必須要培養自己的語言魅力。有了語言魅力，任何突發事件都是最佳的銷售契機！

一個銷售人員，有了語言魅力，就有了成功的可能。所以，業務員在和客戶交流時，要注意以下幾點：

■一、用語通俗化，最好讓客戶一聽就懂

由於客戶都是普通老百姓，所以，業務員說的話一定要通俗易懂。在向客戶交流時，銷售人員對產品和交易條件的介紹一定要簡單明瞭，表達方式必須直接了當。同時，銷售人員還要使用每個顧客所特有的語言和交談方式。所以，一個銷售人員首先要做得就是要用客戶明白的語言來介紹自己的商品。

■二、必要時可以用講故事的方式介紹產品

人人愛聽故事，如果用講故事的方式向客戶介紹產品，自然能夠收到很好的效果。任何商品都自己有趣的話題：它的發明、生產過程、產品帶給顧客的好處等等。銷售人員可以挑選生動、有趣的部分，把它們串成一個令人喝采的動人故事，作為銷售的有效方法。

所以銷售大師保羅‧梅耶（Paul J. Meyer）說：「用這種方法，你就能迎合顧客、吸引顧客的注意，使顧客產生信心和興趣，進而毫無困難地達到銷售的目的。」

■三、學會用形象的語言和客戶交流

「說話一定要打動顧客的心而不是顧客的腦袋。」為什麼要這樣說？因為顧客的錢包離他的心最近，打動了他的心，就等於動了他的錢包。打動客戶的心最有效的辦法，就是要用形象的語言來描繪。就像女生去逛街，銷售人員對顧客說：「這件衣服穿出了你獨有的氣質。」、「穿出你獨有的氣質」，一句話就會打動顧客的心。她立刻就會買這件衣服。在顧客心中，不是顧客在照顧店家的生意，而是這件衣服讓她擁有氣質，顧客自然喜歡買單。

弄清楚客戶的喜好

1992 年，我在某個成衣工廠當作業員的時候，有一個休息日，我出去逛街在書店看書的時候，看到這樣一句話：「世人要是擁有愛的思維，那他無論身處何方，都是活在天堂裡。」

當時心裡有些納悶：「關愛別人，自己都沒有吃飽，自己還缺愛、缺關愛呢？怎麼會受益呢？」

幾年後我開始做業務，因為當時一心為了追求銷售業績，為了多賺錢。每次向客戶推銷時，急功近利的心態從第一句話裡就表現了出來：

「你有多少錢？你買多少呢？買多了才會優惠。」

上面這句話，是我那時經常對客戶說的話，每逢這時，客戶就會左問右問產品的效能，還提一堆讓我招架不住的問題：

「我在那邊一家店裡看過跟你們一樣的同類產品，為什麼人家買一盒價格也是批發價？」

「那你說說，你們的產品除了貴外，比其他的產品好在哪裡？」……面對幾位顧客的一連串疑問，我一時語塞。見我答不上來，旁邊的顧客也一哄而散。半年過去了零業績，

後來公司安排一位銷售冠軍劉姓前輩來帶我，前輩告訴我，要想打動顧客，就得學會跟客戶溝通，多講顧客愛聽的話，以及針對客戶的需求來介紹產品。

「什麼是顧客愛聽的話呢？」我不解地問。

「當然是要講關心他們的話了。」前輩說「不過關愛的話也不能亂說，這需要摸清顧客的喜好，要知道他們喜歡聽什麼樣的話。」

「關心的話？不就是對顧客阿諛奉承嗎？我還真學不來。我爸爸是學校的教導主任，為人正直，我媽媽也是很實在的人，我們從小被教育要真善美，所以我不會說也不願意說阿諛奉承的話。」我義正詞嚴的對前輩說。前輩說：「誰說關心的話是奉承的話？我說的關心客戶的話，是把你的熱情、對顧客的愛、真心為顧客好的感情融合在一起，認真地給顧客介紹你的產品。這時，你眼裡不是顧客要花多少錢買你的產品，而是懷著一顆為顧客服務的心去講。這時你說出的話，既專業，又有感情。讓顧客從你的話中，能感受到你確實是在關注他的需求。」

接著，前輩開始向我講起他遇到的一件真實故事：

前輩之前在一家商場賣電器。

有一次，一位退休老兵爺爺找到他，說想買一個電鍋，可是看到十幾個牌子的電鍋，越看越感到眼花撩亂，一時不

知道買哪個牌子好。

「我去年買的那個電鍋，我和老伴都不敢用，每次做飯，米湯突突突地從蓋子上滿出來，冒得滿鍋都是水，打開蓋子就停了，再蓋上蓋就又冒出來了，反覆這樣，米飯太難吃了。沒有辦法，所以才想著買一個好一點的電鍋。」老爺爺不滿地說，「可別再買那樣的鍋了，白給我我都不要。」

前輩聽後，首先想到的便是，冒水是因為鍋裡面的水蒸氣排不出去，是不是電鍋上面的排氣孔堵住了，就說：「爺爺，你下次做飯時，可以先檢查一下，是不是排氣孔堵塞了？」

「沒有。」老爺爺肯定地說，「我們做飯時都看過排氣孔。」

「那，是不是放的水太多了？」前輩又問。

「我們喜歡吃軟的，不多放一點水飯不軟不好吃啊」老爺爺說道，「要多放水的。」

前輩耐心地說：「爺爺，放那麼多水，能不冒水嗎？而且這樣做出的飯，一定不好吃。鍋裡不是有刻度嗎，你可以根據刻度來放水。」

老爺爺不相信地問：「根據刻度做飯就可以嗎？要是再煮不好怎麼辦？」

「可以的。」前輩肯定地回答，「你先回去按照我說的試試，煮不好拿來我幫你修修，修不好再買新的。」

老爺爺千恩萬謝地走了。前輩講到這裡時，對我說：「你

可能會覺得，我這麼做會少賺錢。如果你這麼想就錯了。我們業務員，是提供顧客服務的，宗旨就是讓顧客滿意，顧客滿意了，我們的工作才剛開始。過了沒多久，老爺爺又來了，高興地對我說，他回家按照我的說法去做飯，那電鍋果然好了。」

「像你這樣替人省錢的業務員，客戶自然喜歡。」我說，「只可惜自己賺不到錢，活菩薩啊。」

「你等我說完嘛。」前輩說，「老爺爺說，家人喜歡燉排骨，就請我幫他挑一個壓力鍋。幾個月後，老爺爺帶著他的兒子又來跟我買，原來，他兒子新開了一個商店，準備進一批鍋具。問我什麼牌子的鍋具品質好。」

前輩最後說：「對於客戶來說，關心他們的語言，是最讓他們感到溫暖的話。當你溫暖了客戶的心，客戶也會反過來溫暖你的。」

作為銷售人員，必須相信自己的產品確實能夠給客戶帶來利益。銷售其實就是說服客戶購買產品或服務的過程，必須讓客戶相信產品能夠為自己帶來利益。因此，對於銷售人員來說，最大的障礙不是說服客戶，而是說服自己，即讓自己真心相信所銷售的產品必然會給客戶帶來利益。

銷售人員只有對自己的產品充滿信心，然後才能夠充滿自信，最後才能確信產品能夠給客戶帶來利益，並將產品銷售給客戶。

　　小玲是 8 年級生，在某品牌化妝品公司當櫃姐。她做櫃姐不到四年，但在公司上百名櫃姐中，其銷售業績在兩年中一直排名第一。

　　在談到銷售祕訣時，小玲說：「也沒什麼竅門，就是在跟顧客聊天時，對他們問的問題說得專業一點而已。所以，只要是來我櫃上看化妝品的顧客，十有八九是會付錢買的。」

　　接著，她講起最近發生的一件事。

　　一個年輕女孩來到小玲所在化妝品櫃前，低頭看一款化妝品。

　　「您好，這套化妝品是法國進口的，國際影星代言的，成套使用後效果很明顯。」小玲走過去，帶著淡淡的微笑一臉容易讓人接近的樣子。「哦，我的皮膚是偏乾性的，不知道能不能使用。」年輕女孩擔憂地說。

　　小玲繼續保持著隨和的微笑，用明朗的聲音介紹了化妝品的功效、價格，然後說：「美女，您看我的皮膚——」

　　「很好啊，又白又嫩。」年輕女孩笑著說。

　　「您錯了。」小玲笑道，「我以前的皮膚連您的一半都不及，用了這個牌子的化妝品才兩個月，就變成這樣了。」

　　「不會吧。」年輕女孩不相信。

　　「姐姐可不會騙您。」小玲親熱地說，「您可別說我占您

便宜啊，您絕對比我年輕，您看您的皮膚底子多好，相信您用過一週後就會有效。沒效的話來找姐姐評理好不好？」

年輕女孩一下子就買單。

小玲說：「明朗的語調是使客戶對自己有好感的重要基礎。特別是做我們這行的，在工作時要活躍一些，開朗一些。當然，前提是要充分了解自己的產品，這樣在跟客戶溝通時才好掌握。」

許多著名喜劇演員在表演時是有趣的人，而在實際生活中，卻並非如舞臺上的形象。所以，業務員也是一樣，在客戶面前要保持專業態度，以明朗的語調交談。

一個出色的業務員，除了要擁有流暢的話語及豐富的知識外，還要對自己的公司、對公司的產品、產品的用法以及自己本身都必須充滿自信心，態度和語言要表現出足夠的內涵，這樣才會感染到客戶。

我們一定要記住，在銷售的過程中，銷售人員和客戶都會獲得自己所需要的利益。而且對於銷售人員來說，最為重要的不是自己獲得了多少利益，而是客戶享受到了多少利益。因為銷售人員獲得利益的多少是個結果，這個結果需要透過客戶感受利益的過程來實現。

從這個角度出發，我們就不難得出：為什麼有些銷售人員在銷售產品或者服務客戶的過程中表現得非常糟糕。

　　這是因為他們總是從自己的角度出發看問題，在他們的頭腦中只想到客戶購買一件產品時，他能從中獲得多少利益。在他們的潛意識中根本就沒有為客戶著想過，結果是根本無法打動客戶，更加不可能讓客戶付出自己的忠誠了。

　　那些成功的銷售人員，從來不會認為讓客戶購買產品或服務就是他們的工作，而是認為自己是在與客戶共同創造價值。如果客戶購買了他們設計生產的產品，就必然能夠取得最大的價值；如果客戶對他們所設計生產的產品不屑一顧，那麼損失的不是他們自己，而是客戶，是客戶失去了一個獲得最大價值的機會。所以，銷售高手在跟客戶交流後，會讓客戶有如下感覺：

■一、讓客戶感受到產品帶給自己的好處

　　業務員要知道，客戶真正在乎的，是這件產品能給自己帶來什麼樣的影響，或者是給公司帶來多大的好處或價值。業務員只要讓客戶了解到產品給他的生活帶來美好的變化，你就成功了一半。

■二、跟客戶談時不要急於求成

　　很多業務員都希望在短時間內與客戶達成交易，俗話說，欲速則不達，越是把客戶逼急了越容易搞砸交易，反而

讓客戶產生畏懼感。所以，業務員在跟客戶談時，必須要一步一步地抓住客戶心理，促成成交。

■三、要學會摸清客戶底細

銷售人員在跟客戶見面前，最好對客戶的公司情況有一定的了解，在電話銷售拜訪的過程中才能夠順利進行，以防止被掛電話之類的事情發生。摸清對方的底細，才能更加容易促成成交，這也是銷售前必須做好的準備。所以這一點對業務員是很重要的

■四、銷售要多管齊下

業務員在向客戶推銷產品時，要多管齊下。要有足夠的耐心和恆心，每個有意向的客戶在銷售過程中至少需要連繫7到10次。除了打電話拜訪，還可以語音訊息，電子郵件，社群軟體，邀請函等多種方式「進攻」，這樣才能讓客戶順利地與你見面。

■五、思索客戶的心理

在銷售過程中，業務員盡量站在客戶的立場想問題，同時還要思索客戶的心理，這樣才能與客戶達成共識，順利銷售。

引起客戶興趣，自然會達成交易

　　十幾年前，我還是公司的銷售總經理時，有一次，我帶著新同事小錢一起出差。因為該地的客戶大多是公司的老客戶，此次我們來拜訪他們，主要是宣傳公司即將上市的新產品。

　　由於新產品投入的成本高，價格會有所上調。但公司考慮到老客戶跟公司合作的時間較長，老客戶的訂購量也大，所以，公司規定，如果老客戶能夠提前訂貨並付一部分訂金，在價格方面將會給他們優惠；價格比新客戶要低很多。

　　待了三天，我和小錢把這裡的老客戶都拜訪完後，準備啟程回公司。

　　這時公司總部打來電話，問我們老客戶訂貨的實際數字。

　　奇怪的是，我拜訪的客戶，全部訂了貨並交了訂金。小錢拜訪的客戶，全都沒有訂貨。

　　公司得知這種情況後，請我問小錢是怎麼回事，查明情況後再一起回總公司。

　　小錢告訴我：「我是按照公司的要求跟客戶談的，客戶

只說考慮一下。」

我覺得蹊蹺，就和小錢一起再次拜訪客戶，跟客戶見面後，小錢像在公司培訓時一樣彬彬有禮地跟客戶打招呼後，又專業地講起公司的新產品。接著再按照公司培訓那樣，用職業的態度講道，如果客戶們提前訂貨、交付一部分訂金，就能享受到比新客戶價格低的「優惠」活動，從小錢的工作過程來看，他似乎沒有做錯。可是，老客戶們為什麼不願意提前訂貨呢？

我從一位老客戶的一句話裡「聽」出了原因。

這個老客戶看到我，把我拉到一邊，背著小錢問我，小錢說的那些話是不是真的？等我答覆後，他又問了很多相關的問題，最後長吁一口氣，說道：「有你的回答我就放心了，說實話，一開始我不敢相信這事情是真的？」

「小錢不是帶來了我們公司的資料嗎？」我笑著說，「你又不是第一次跟我們公司合作。」

客戶不好意思地說：「小錢的訊息傳遞得太死板，跟他說話，也是很死板，覺得一點安全感都沒有，就害怕上當，所以也就不想合作了。」

這件事讓我明白，作為業務員，在跟客戶溝通時，不僅僅是談論產品，還必須融入感情。這種溝通必須是信心的傳遞、感情的互動。即，真正了解到客戶心裡的想法，這時你說的話，才會讓客戶感覺到有可信度。

我多次對我的員工說：「我們做業務員的，跟客戶溝通的目的，並不只是為了推銷產品，而是把讓客戶感興趣的訊息有效地傳達給他們。要想讓客戶在短時間內了解到這些訊息，就需要我們在感情上多跟他們互動。」

下面這個故事，我在 N 多年前就經常在我辦的「銷售特訓營」講過這樣一個故事：

從前，有一個國王，他有三個女兒，都長得很美麗，但他最偏愛的是最小的女兒。

因為小女兒不但美麗，而且說的話他也非常愛聽。

小女兒把太陽比喻成「溫暖的使者」，所以，她會親手為父親縫製衣服，在上衣胸口那裡繡上一個小小的太陽圖案。

有一天，國王的小女兒生病了，一連好幾天吃不下飯。國王非常著急，問她想吃什麼？他會支使人去做。

小女兒虛弱地搖搖頭，告訴國王，她什麼也不想吃，只想擁有天上那輪月亮，這樣病就會好了。

國王一聽，立刻把全國的聰明人、能人召來，讓他們想辦法拿到天上的月亮。

總理大臣說：「月亮遠在三萬五千里外，比公主的房間還大，而且是由融化的銅所做成的。沒辦法拿到。」

魔法師說：「月亮距離皇宮十五萬里遠，是用綠乳酪做的，而且整整是皇宮的兩倍大。小公主難以擁有月亮。」

數學家則說：「月亮遠在三萬里外，外形象個錢幣，有國家的半個王國大，還被黏在天上，任何人都別想拿下它來。」

「你們說這麼多，無非是弄不來月亮，那就救不了我女兒了。」國王不高興地說。

國王心情煩悶，就叫宮廷小丑來彈琴解悶。小丑聽國王說了那些聰明人也無法幫助小公主治好病的理由後，從中得到一個結論：如果這些有學問的人說的都對，那麼月亮的大小一定和每個人想的一樣大一樣遠。他覺得當務之急便是，要弄清楚小公主心中的月亮到底有多大多遠。

國王一聽，覺得小丑說得有道理，就請小丑到公主房裡去問問。小丑就去探望公主，在跟小公主表演很多節目後，他順口問公主：「小公主，我知道你喜歡月亮，那你知道月亮有多大嗎？」

「應該比我拇指的指甲小一點吧！因為我只要把拇指的指甲對著月亮，我就可以把它遮住了。」公主天真地說。

「哇，太好了。那麼你知道月亮離我們有多遠嗎？」小丑又藉機問。

「我覺得月亮比窗外的那棵樹高，因為有時候它會卡在樹梢。」公主回答。

「哦，是嗎，那你知道月亮是用什麼做的嗎？」小丑趁機又問。

「當然是金子了！」公主回答。

比拇指指甲還要小，比樹還要矮，是用金子做的月亮，這樣的「月亮」當然容易拿啦！小丑高興地告辭公主後，立刻找金匠打了個小月亮穿上金鍊子，送給了公主。

公主看著這個「月亮」項鍊，歡呼雀躍，第二天，她的病就好了。

我請學員討論回饋，大家七嘴八舌，最後回饋出這樣一句銷售格言：小丑能夠「治好」小公主的病，原因很簡單，是因為他透過跟公主溝通時，知道了公主心裡到底想要什麼。

我們做業務員也是同樣的道理，我們在跟客戶談話時，等於是在跟客戶傳遞你要把產品賣給他的訊息，在這個談話過程中，你的每一句話都要問得準確、到位，讓客戶樂意回答你的每一個問題。就像故事中的公主喜歡回答小丑的問題一樣。

有很多業務員，總是很少關注客戶的真實需求，完全按照自己的意願做事情。他們認為客戶一切為了「錢」，在談話方面，自然會在「錢」上找話題，你這樣做的結果是，客戶也會跟著你的話題走。這樣一來，你如何能了解客戶的真實需求？

溝通是了解客戶真實心理的最好辦法，但這需要業務員選擇好溝通的內容，溝通內容選擇的好，才能直入主題，簡潔高

效。否則，你只能像下面這個秀才一樣，什麼也得不到。

有一個秀才去買柴，他對賣柴的人說：「荷薪者過來！」

賣柴的人聽不懂「荷薪者」（即擔柴的人的意思）三個字，但是聽得懂「過來」兩個字，於是把柴擔到秀才前面。

秀才問他：「其價如何？」

賣柴的人聽不太懂這句話，但是聽得懂「價」這個字，於是就告訴秀才價錢。

秀才接著說：「外實而內虛，煙多而焰少，請損之。（意思是，你的木材外表是乾的，裡頭卻是溼的，燃燒起來，會濃煙多而火焰小，請減些價錢吧。）」

賣柴的人此時完全聽不懂秀才的話了，於是擔著柴就走了。留下秀才一個人在那裡發呆。

業務員要學會主動地客戶溝通，真誠地溝通，策略地溝通，因為同樣的一件事物，不同的人對它的概念與理解的區別是非常大的。

在我們日常的談話與溝通當中，有時也會碰到同樣情況：當你說出一句話來，你自己認為可能已經表達清楚了你的意思，但是不同的聽眾會有不同的反映，對其的理解可能是千差萬別的，甚至可以理解為相反的意思。

如果我們跟客戶這樣溝通，這將大大影響我們跟客戶之間溝通的效率與效果。同樣的事物，不同的人就有不同的理

解。在我們進行溝通的時候，需要細心地去體會對方的感受，做到真正用「心」地去溝通。

IBM 公司的業務員為了引起顧客的興趣，他們在跟客戶溝通時，說的第一句話是：「我是來替貴公司解決問題的。我有幾個顧客，他們的業務性質跟貴公司很相像。他們使用 IBM 的電腦後，使經營情況獲得顯著地改善。因為 IBM 的電腦提高了他們的生產力。為了提供同樣的服務給貴公司，我必須先對貴公司有一些了解。」

假如你是客戶，在聽到這句話時，一定不會有反感的。

你之所以不反感，是因為業務員說的話，正是你的真正需要。

猶太人的生意經是：「用你的手錶告訴你時間，再向你收費。」我們要學會把自己的產品特性符合到顧客的欲望上，而不是讓你把欲望表現在你的產品上。當你帶著這樣的心態跟客戶溝通時，相信客戶會配合你的。

所以，任何一個進入你銷售區域的人都可能是你的客戶，你要真誠地告訴他們：你是為他們服務的，你可以提供他們所需要的產品，你可以滿足他們的需要。

我們在銷售時，如果用自己真誠的服務打動了客戶的心，讓顧客明白他是真正需要我們的東西，那麼促成成交就會事半功倍。

依照需求，挖掘賣點

許多業務員糾結最多的問題是：「怎麼向客戶介紹產品，客戶才願意聽呢？」

他們說：「我們向客戶推銷產品的尺寸時，大多都是數字，產品使用過程也是枯燥無味，講解給客戶聽時，他們都聽不進去，因為不懂，他們買了以後，又說我們做業務的沒有講清楚，就是想騙他們的錢。」

其實這些問題很好解決，對於業務員來說，要想讓客戶清楚地了解產品，最好讓產品用故事的方式展示。

推銷大師喬‧吉拉德認為，人們都喜歡自己來嘗試、接觸、操作，這是因為人們都有好奇心。不論你推銷的是什麼，都要想方設法展示你的商品，而且要記住讓顧客親身參與，如果你能吸引住他們的感官，那麼你就能掌握住他們的感情了。

正是由於這個原因，喬在向顧客推銷轎車時，會先讓顧客坐進駕駛座，握住方向盤，讓顧客自己觸控操作一番。如果顧客的家住在附近，喬還會建議他把車開回家，讓他在自己的太太、孩子和同事面前炫耀一番，顧客會很快地被新車的「味道」陶醉。

根據喬本人的經驗，凡是坐進駕駛座把車開上一段距離的顧客，沒有不買他的車的。即使當下不買，不久後也會來買的。新車的「味道」已深深地烙印在他們的腦海中，使他們難以忘懷。

實際上，每一種產品都有自己的味道，這與商場中寫的「請勿觸碰」的作法不同，這就是為什麼喬會在和顧客接觸時，總是想方設法讓顧客先「聞一聞」新車味道的原因。

要想讓客戶更快地了解產品，我們自己要先對產品的特徵、功能、用途、使用方法、尺寸、價格等，只要是客戶想知道的訊息，業務員都必須全盤了解，讓客戶實際明白其中的獲利，如此客戶才會下定決心購買。

每次我在向客戶推銷產品時，我會用針對他們可能提出的反對意見的故事作為開頭向他展示，然後客戶們會繼續認真聆聽我的故事分享。

我們業務員每天都要面對形形色色的客戶，他們大多是受過良好教育和具有更多需要的客戶。他們往往會向我們提出更苛刻的問題，並要求對他們購買後可能產生的問題提供更加精確的解決方案。而且，在講究效率的時代，客戶也希望與公司關係良好、見多識廣、用策略思想解決複雜需求的業務員打交道。這就需要我們業務員更深層次地精通自己的產品。

客戶購買的是產品，所以他們最希望業務員提供有關產品的全部知識和效能。倘若一問三不知，那就很難在客戶心目中建立信任感，更別說將產品賣給客戶了。所以，一名業務員要把自己對產品的介紹當作自己在戰場上的武器，好使的武器是贏得戰爭的重要條件。一名優秀的業務員應該致力於提高所推銷產品的品質，認真思考產品的優勢及特點，培養自身與產品的感情，愛上所推銷的產品。

業務員要想成功銷售，就得根據客戶的需求，挖掘產品的賣點。一般來說，挖掘產品的賣點，可以從以下途徑去做，如圖 4-1：

熟悉和了解自己推銷的產品的特點及優勢。

關注客戶的需求，不斷地改進對產品的優勢描述。

相信自己的產品是品質最好的。質優價格自然就高。

在保證產品品質好的情況下，還要保持產品良好的外在包裝形象。

圖 4-1 挖掘產品賣點的步驟

讚美要在用在對的地方

我們都知道，業務員用讚美的話跟客戶溝通，是獲取客戶好感的捷徑，能夠迅速拉近與客戶之間的距離，但有些時候，你對客戶說了很多讚美的話，他非但不領情，反而跑了呢？原因就是讚美客戶的話也要抓住客戶的痛點。

小晴是某圖書出版公司的業務員，她喜歡上門推銷。

有一次，他們公司新出版了一套兒童圖書。她在一個社區內推銷時，看到一對長相帥氣的七八歲男孩，從一樓的房間走出來，在附近玩耍。

她來到一樓的那戶人家前，輕輕地敲了敲門，很快就有人來開門，而且還聽到屋裡的人責怪道：「你們這兩個丟三落四的淘氣鬼，是不是又忘記帶東西了。唉，什麼時候都不讓你們的老媽省心。」

門開了。

「太太您好，請問您的兩位帥氣聰明的公子是不是在上小學？」

「哦，是呀，你怎麼知道？」女主人滿臉狐疑地問。

「嘿，那麼好學的兩個孩子，我聽他們一邊走路一邊還講

著他們今天學過的語文呢，其中一個抱怨說作文不好寫。」

「噢，那是我的小兒子，他一提寫作文就頭痛。」女主人笑著說，「可是他又不喜歡看作文參考書。」

「很正常的。」小晴說，「我小時候和他一樣，也不喜歡看作文參考書，但我跟他有兩點不同，別看我是女孩，我把爸媽買給我的作文參考書便宜賣給同學，你要問我為什麼這麼做？我可以不害羞地告訴你，因為我寫的作文很好，一直是班裡的第一。」

「哈哈哈，你，你，是怎麼學的，快進來給我說說 ──」女主人熱情地邀請小晴進門。

接下來的事情，不用我講，你們也一定猜到了，女主人買下了小晴推銷的那套精采故事的兒童圖書。

小晴之所以得到客戶的好感，是因為小晴讚美的話抓住了女客戶的痛點，這個痛點就是讚美客戶的孩子。即使小晴此次不能順利地拿到訂單，但也多了一位潛在客戶，既然女主人有正在上學的兩個孩子，如果孩子想買書，早晚會先找小晴的。

但如果小晴直接問：「太太，請問你想買一套美麗的故事書給孩子嗎？」

女主人肯定會說：「不需要！」接著用力把門關上。

女主人在關上門的同時，小晴就等於失去了一個客戶。

　　由此來看，語言也是一門藝術，會說話的人，巧妙地牽動聽者的情緒，讓聽者興奮起來，大聲笑出來，它足以說明善說與不善說的區別。從這一點來看，會說話的人與說相聲的人有著異曲同工之妙。

　　相聲是一門語言藝術。我們不難看出，相聲也正是很好地利用了語言這種交流工具。我們業務員也是，話說得合適，不僅能展現出自身的專業和修養甚至高雅，同時還能夠很舒服地讓別人接受你的觀點或意見，快速建立親和力，以身邊的人甚至準客戶史願意接近你。

　　有諺語說：「與人善言，暖於布帛，傷人之言，深於矛戟。」優秀的業務員會讓客戶的疑慮通通消失，祕訣就是他們　說話就有濃濃的愛意，讓客戶聽後，感覺到他們說的話簡直就是能夠幫助別人解決困難的「活菩薩」。

　　有一次，一個客戶來到銀行要開個戶，銀行工作人員小艾照例請他填一些表。然而，客戶是個怕麻煩的人，他很多問題都拒絕回答。根據銀行的規定，小艾有權向客戶下「最後通牒」，但他沒有這麼做，而是笑著對客戶說：「先生，你可以拒絕填寫那些資料，並不是必須要填的。」

　　客戶得寸進尺：「我就說嘛，這些可以不填。」

　　「然而，」小艾禮貌地說，「假如你把錢存在銀行，一直存下去，直到你不需要的那一天，難道你不希望把這些錢轉

移給你有權繼承的親屬嗎？」

「不，我當然希望。」客戶回答。

「難道你不認為，」小艾繼續說道，「將你最親近的親屬告訴我們，使我們在你有事的情況下，能夠準確無誤地實現您的願望，這難道不是一個好的辦法嗎？」

「是的。」當這個客戶終於明白銀行不是為難他，而是幫助他時，他立刻把資料全部填好，還另外開了一個信託帳號。

小艾之所以能夠說服客戶，是因為他在一開口中，就讓客戶感受到了「滿滿的愛」。

我們要明白，作為業務員，在去走訪每一個顧客時，並不是要求他們購買產品，而是向他們介紹或推薦一種對他有用的產品，是為他們「服務」的，就像醫生上門看病一樣，是給患者解除痛苦、帶來快樂！

所以，你要明白，無論你邁進哪個店面，是店主的福氣，因為你將給他帶來一些意外的驚喜，你將給他帶來便利或賺錢的機會。你手中掌握著公司的產品，對客戶來說，你是光明的使者，是愛的天使，能給客戶帶來生活上的便利！

當我們明白了這個道理後，在向客戶推銷時，要盡量把話說得有愛一點，舒服一點。

資深業務員小海每次走訪客戶，總會送給客戶一些自

己設計的小飾品，有鑰匙圈，有貼在手機上的「心形」支架，有小孩子喜歡的貼紙、玩具汽球、圖畫書等等，無論什麼飾品，上面都會寫著：「xx，找愛您，需要幫助時隨時來電——」下面放上他的手機號碼。

「您好，請收下我這份心意！」

當他帶著這些禮物帶著微笑，走到每一個熟悉的或是陌生的顧客面前，說出這句話時，脾氣再壞的客戶，都會忍不住好奇地跟他聊上幾句。

碰到帶著小孩的客戶時，他會彎下腰，把汽球或是圖畫書放到他們手上，並說：「小朋友，一看你就是會玩的乖孩子！」、「小朋友，你喜歡看故事書嗎？」

大量準客戶是銷售的基礎，客戶是我們的衣食父母。雖然客戶最終買到的好像是有形的看得見的產品，但我們要讓顧客感受到他真正買到的，是我們的貼心服務、高度負責的態度和真誠的愛心，甚至獨一無二的你！你就是品牌！和你購買就是有面子！就是身分！

愛心是與顧客互動溝通感情的橋梁。因此，以下幾點是業務員必須做到的，如圖 4-2：

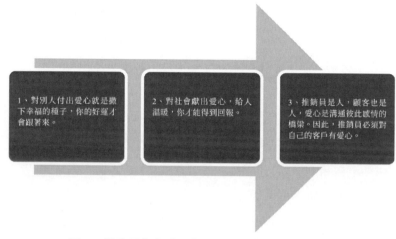

1、對別人付出愛心就是撒下幸福的種子，你的好運才會跟著來。

2、對社會獻出愛心，給人溫暖，你才能得到回報。

3、推銷員是人，顧客也是人，愛心是溝通彼此感情的橋樑。因此，推銷員必須對自己的客戶有愛心。

圖 4-2 業務員與客戶互動溝通時要做到的三個方面

第五章

「聽懂」客戶真正的想法

傾聽弦外之音

「謝謝，你們公司的產品很好，但我們公司真的不需要。」

業務員小吳第二次走進客戶公司時，他一進去，客戶就說了這句話。

「說謝謝的應該是我。」小吳說，「打擾您了。」

見小吳這麼客氣，客戶的語氣有點緩和：「我也不是抱怨你們這些業務員的。我上次在別家公司進的那批貨，跟你推銷給我的產品一樣，說實話，那品質問題，我真不敢恭維。」

「讓您受損失了。」小吳禮貌地回答。

「受損失倒在其次，關鍵是員工不滿啊，你想啊，我們這是發福利給員工，理應讓員工高興，可是發下去後，大家都埋怨，說那產品用過後如何如何不適。我打電話給那個業務員時，先是不接，後來他的手機乾脆關機，你說我還敢相信這些上門推銷的人嗎？沒買之前，說得天花亂墜，錢到手後就消失了。哪管我們客戶的感受。」客戶說到這裡，看看一旁安靜聽講的小吳。

此時的小吳微笑著，聽得非常認真，見客戶看他，他禮

貌地用眼神示意客戶講下去。

「但員工們還是希望，以後公司再發類似的員工福利時，產品品質可以好一點，哪怕價格高一些也無所謂。」客戶意味深長地說，「現在上門推銷的人多，但都不負責任，我們甚至想，實在不行，去商場買，雖然多花錢，但起碼品質上出問題了，能夠找到人。」

小吳已經從客戶說的話中聽出了「成交」的苗頭，原因如下：

1. 客戶需要這方面的產品，但要保證品質；

2. 客戶不滿的是售後服務；

3. 客戶要的是一個「安全」感。

知道了客戶的真實意圖後，小吳從以下這三方面向客戶保證：

1. 在價格不漲的情況下，能保證產品品質；

2. 把自己的手機和公司客服電話留下，並承諾貨到後只收一半的錢，等客戶的員工認可了品質後再付剩下的一半。若客戶的員工不滿意，全部退貨。

3. 客戶若是對業務員的服務不滿意，可以打公司的投訴電話，到時在產品沒有用過的情況下退貨。

有了小吳這些承諾，客戶在考慮一週後簽了單。

　　言由心聲，人的表情能夠善於偽裝，但聲音卻無法掩飾其內心的真實想法。在銷售過程中，業務員想要「猜」出客戶真實的想法，就得促使客戶多講話，把自己當成一名聽眾，知道客戶的想法後，你再針對客戶需求推銷你的產品，讓客戶覺得是自己在選擇，依自己的需求在購買，這樣的方法才是高明的銷售方法。

　　我們一定要記住，強迫銷售和自誇的話只會讓客戶感到不愉快。必須有認真聽取對方意見的態度，不要中途打斷對方的講話而自己搶著發言。必要時可以巧妙地附和對方的講話，有時為了讓對方順利講下去，也可以提出適當的問題。

　　幾年前，我跟業內一位大師級的銷售菁英聊天時，他對我說：「做業務彌補了我的性格缺陷。」

　　原來，他從小性格就內向，不敢在陌生人面前說話。做業務後，他的這種性格竟然造成了重要作用。當他聚精會神地聽客戶「滔滔不絕」地講話時，他心裡記下了客戶無意中說出的許多寶貴訊息。

　　「聞其聲，辨其人，識其心。還要記住，當客戶說話時，我們的眼睛要給予積極地配合。」他道，「這是我業務做得好的祕訣。」

　　與客戶接觸，不能僅僅聽文字上的話，還要善於「聽音」。

聽人的聲音，辨識其獨具一格之處，這樣能做到聞其聲而知其人，進而了解客戶內心的真實想法，那麼與之溝通就有的放矢了。

實際上，客戶說的任何一句話，只要我們認真去聽，都可能聽出某些道理，不可能毫無價值。但是，我們常常不在乎這些道理，卻斤斤計較於對方表達時的態度和語氣。換句話說，我們不認真聽客戶在講什麼，卻十分介意對方是怎麼講的。

事實上，客戶的很多心思，都是透過「說話」暴露給我們的。越對我們有用的話，越容易引起我們的反感，所以，此時，我們要耐著性子，仔細地去聽。

聽話聽音的學問，我們可以從下面這個歷史故事中獲得啟示：

宋太祖即位以後，手握重兵的兩個節度突然起兵反對朝廷。為了平息這場戰爭，宋太祖經過了很長時間的艱苦鬥爭。

這件事帶給了宋太祖很大的警示，他找到宰相趙普商量對策。趙普說：「藩鎮權力太大，就會使國家混亂。如果把兵權集中到朝廷，天下就會太平無事了。」

趙普的話，堅定了宋太祖削弱地方諸侯兵權的決心。

幾天以後，宋太祖在宮裡舉行宴會，邀請了石守信、王

審琦等諸位元老。喝過酒後，大家開始無話不談。

宋太祖說：「沒有大家的幫助，我不會有今天的一切。但是，你們不知道，做皇帝也有許多苦衷啊，有時候還不如你們自在。說實話，我已經好久沒有睡過安穩一覺了。」

幾位將軍知道宋太祖話裡有話，就詢問其中的緣由。宋太祖接著說：「人們都說高處不勝寒，我站在很高的位置上已經感覺到寒意了。」

宋太祖的話讓石守信等人大驚，他們這才知道宋太祖是擔心有人篡位。為了表示忠心，他們急忙跪倒在地，向宋太祖發誓，自己是何等的忠於他。

宋太祖搖搖頭說：「你們和我南征北戰，我自然信得過。但是如果你們的部下為了攫取高位，把黃袍披在你們身上，會出現什麼情況呢？」

石守信等人聽到這裡意識到大禍臨頭，他們只得求饒：「我們愚蠢，沒有過多考慮，請陛下指條明路吧。」

接著，宋太祖讓他們做地方官，添置足夠的房產安度晚年，最終消除了大家的兵權。

石守信等人從宋太祖的談話裡，聽出了他對皇權的擔憂，以及殺機四起的危險，於是他和幾個將軍主動讓出了兵權，保全了性命。

這就是歷史著名的「杯酒釋兵權」，石守信他們能夠交

出兵權，是因為他們都有能聽出宋太祖弦外之音的智慧。同理，與客戶交往，銷售人員也不能只注重表面的言辭，而要聽懂客戶的話外音，才可以準確拿捏客戶的心理。

聲音詮釋客戶內心的一種表情。這是因為，從本質上說，聲音會隨內心變化而變化，並時刻反映出人們的心境。所以，透過語音的高低、強弱、快慢、粗細等特徵，來發覺客戶的真實意圖。請看表 5-1。

表 5-1 透過客戶的聲音發覺客戶真實意圖

1	內心平靜，聲音也會心平氣和。	客戶說話不緊不慢，代表他內心平和，成竹在胸。與他們打交道，一定要循序漸進，不可冒進。
2	內心清順暢達時，就會有清亮和暢的聲音。	客戶心裡沒有煩心事的時候，他們的聲音也會清麗動人。這時候你與他們談生意，會事半功倍。
3	說話速度快的人，大多都是能言善辯的人。	這種人思維縝密，頭腦反應快，因此，他們會在口頭表達上非常流利，聲音氣勢如虹。這說明他們內心把所有問題都考慮清楚了，沒有任何疑慮。
4	速度慢的人，則較為思厚、實在。	說話不緊不慢的客戶，內心比較淡泊，不會為了私利失去底線。與這樣的人合作，往往沒有負擔和憂慮，因為他們往往能真誠待人，少了斤斤計較的盤算。

從言談搞懂客戶心機

小黃在我們「冠軍銷售特訓營菁英分享會上」——「透過言談識別客戶的心機」這個主題分享他的親身經歷：

去年某天，我和另一半帶著孩子到公園去玩，有一個年輕女孩拿著一些宣傳冊走過來，她一邊把手裡的宣傳冊強行塞到我和另一半手裡，一邊滔滔不絕地講了起來。

她的語速很快，讓我和另一半插不上一句話。

等業務員說完後，對我們說道：「大哥大姐，現在我們公司特價，你們買的話可以打七折。」

我和另一半面面相覷，別看業務員講了半天，我們聽完後也沒聽懂，她讓我們買的是什麼產品。

這時孩子吵著要走，我和另一半就敷衍了業務員幾句話，離開了。

晚上回家後，另一半閒來無事，打開帶回家的宣傳冊，看過後對我說：「今天那個業務員，原來是推銷環保玩具的。我們不是早就想買給孩子嗎？」

「她說得那麼快，不讓我們說話，誰知道她要說什麼？」我說，「我們還是在網路上買吧。」

一個優秀的業務員，從來不是一個健談者，恰恰相反，做業務，你要學會當一個聽眾。耳朵才是通向客戶心靈的路。

客戶是否接受你推銷的產品，都會毫不保留地說出來。這是因為，作為買方的客戶，買不買產品，純屬自願。這不像是向朋友講隱私，沒必要對你藏著，只要你是一個好的傾聽者，他們會毫無保留地把真實的話講出來。

十幾年前我曾經聽過一個金牌銷售大師的課，他說的一句話，讓我至今都忘不掉。他說：

「我們做業務的，要以『聽』為主。等客戶問你時，你再回答。這種互動給客戶的印象最深，同時對你講的產品更能在意。碰到不愛說話的客戶，你要善於用話來引導他們說話。要注意的是，在跟客戶溝通的過程中，業務員談話時間不能超過五分之二。」

一位某公司的業務員小石，他跟了一個潛在的大客戶半年多。但這個客戶就是遲遲不下單。有一天，這個客戶約他見面，見面後，小石沒有像以前那樣催他簽單，而是帶著他去工廠參觀了生產工廠，接著帶他又到各個部門看了看。

小石心裡明白，他是想看看我們公司的實力。

中午一起吃飯時，小石依然沒有提簽單一事，聽他講自己為什麼對產品品質要求高的原因，他講了很多，從他的第一桶金到現在創辦的公司。

「我的公司在十年前險些破產，就是因為進的一批貨有問題。事後我去過那家公司，原來是一個不良廠商。從那以後，我再也不敢輕易相信在電話裡向我許諾的業務員的話了。」他說道。

小石靜靜地聽著，當他從客戶的話中聽出客戶的擔憂後，心裡暗喜。

「這次他看過我們公司的規模和實力了。」小石心想，「應該放心了。」

果然，當他講到小石他們公司的產品時，開始侃侃而談，整個氣氛很愉快。

中午吃完飯一回公司，客戶請小石做一份報價單，報價後，客戶直接確定數量，當場付了訂金。

在銷售過程中，盡量促使客戶多講話，自己甘願當一名聽眾，並且必須有這樣的心理準備，讓客戶覺得是自己在選擇，依自己的意志在購買，這樣的方法才是高明的銷售方法。

作為業務員，我們必須有認真聽取對方意見的態度，不要中途打斷對方的講話而自己搶著發言。必要時可以巧妙地附和對方的講話，有時為了讓對方順利講下去，也可以提出適當的問題。

這就好比我們去醫院看病，醫生必須傾聽我們到底哪裡

不舒服，有什麼狀況，才能對症下藥，這樣才能藥到病除。如果醫生不好好聽我們說話，很可能就不知道我們到底是什麼病，這樣就會耽誤治療。

跟客戶進行不必要的爭執，是做業務員要犯的大忌。

小田大學畢業後，在家族企業擔任業務主管。

他經常在社群平臺上發布他們企業生產的各種產品的照片，下面配上文字：品質保證。

雖然我看不到他客戶的評論，但是我從他的回覆中發現，他喜歡跟客戶爭論。

有一次，我看到他在他剛發布的產品照片下回覆：

「你對產品左挑剔右挑剔，你自己生產試試吧。」

「我們的客戶多的是，有你沒你都沒差。」

「你的投訴是無中生有，我們不會因為你一個人不滿意，就不生產這款。」

「聽了你對產品的挑剔，我也是醉了。」

「嫌我說的話不好聽，就取消追蹤吧。」……小田每發布一次照片，下面就會出現類似的話。

因為我不了解真實情況，所以，也不便問他。只是從他回覆的那些評論中，我能隱隱地感覺到，他在跟客戶進行「面紅耳赤」的爭論。

「這樣跟客戶斤斤計較，到頭來客戶會全跑了的。」我幾

次想跟他說這句話，可看到他回覆的評論一次比一次「火藥味」濃，只好作罷。

一年後，小田刪除了所有關於產品介紹的訊息。只留了一條：「現在的客戶，無法聊天！」

不管在什麼情況下，我們都不要與客戶爭論、糾正，很多時候我們爭贏了客戶，卻失去了訂單。

挑剔的顧客才是真正的買主。在生活中，我們自己也是，想買什麼商品，看到後，就想讓對方便宜一點賣給我們，這時會隨口挑剔幾句，這些挑剔有可能是雞蛋裡挑骨頭。

但正因為「挑剔」，才讓我們了解顧客的真正需求。

而那些不買的顧客，通常是連看也不想看的，更別說挑剔了。當然，也有一些客戶，是故意「找碴」，這就需要你認真聽來辨別了。

做業務，你要會當一個聽眾，在傾聽的過程中，業務員要分清主次，著重掌握客戶語言中的問題點、興奮點、情緒性字眼，這樣才能更好地了解客戶的所思所想。

當我們在拜訪客戶時，與客戶最好的溝通，就是做一名忠實的聽眾，多聽少說。即使到了非說不可的地步，也要說得到位。

一位朋友公司的銷售總監，一連四年，他的銷售業績都

在三百萬元以內。他的故事經常被我朋友帶到我們喝茶交流會上分享：

　　這位銷售總監個性很外向，口才好，在公司裡很活躍。剛來公司時，他為了管住自己的嘴，每次跟客戶溝通時，他會事先做好拜訪前的準備工作。

　　有一次，他被公司派去見客戶。出差前，他先是對客戶的企業進行詳細的了解，比如客戶方的採購負責人、決策者、該企業的市場銷售情況、該企業的信用情況，甚至於企業是哪　年創辦的、企業的巔峰時刻等等，都了解得很詳細。

　　知道了這些情況後，他在見到客戶時，一旦出現冷場，他會用簡短的話來引出話題，而且大多是客戶喜歡講的話題。

　　拜訪客戶時，我們想要讓自己做一個好聽眾，就得有明確的拜訪目的。這樣才能讓你在跟客戶交談時，不會喧賓奪主，誇誇其談。

　　另外，在跟客戶談話時，要結合客戶實際情況。最好盡量讓客戶說話，自己做一個忠實的聆聽者。透過客戶的嘴，了解客戶的心，同時還要善於聽客戶的「弦外之音」，做到心有靈犀一點通。

　　在跟客戶交談中，營造融洽的會談氣氛也很重要。所

以，客戶無話可說時，業務員要主動向客戶提問。想辦法拉近與客戶的距離。推銷的最終目的是實現銷售，滿足客戶的需求。

人們常說，溝通創造價值。業務員耐心聽客戶講話的過程，也是雙方不斷溝通的過程。其中溝是手段，通是目的。通就是客戶被你影響了，甚至達到了銷售目的，就是通了。總之，在跟客戶互動時，要盡量讓客戶多講，你多聽。

「聽」出客戶的話中有話

「小夥子，我說過多少遍了，你別來我家推銷了，我這樣一個孤寡老人，平時連門都很少出，你的產品對我真的沒用。」

「阿姨，真不好意思，我打擾您了。」

「我不是怕你打擾，說實話，我還想讓你來呢，我一個人在家寂寞啊。我是為了你著想，你年輕，推銷是你的工作，你賣不出去產品，就沒有錢。你說是不是？」

「是。」

「以後你記住我家門牌，到我門口就繞過去。我年紀大了，在穿衣服上早就不講究了，你要是能上門給我送一些米呀油呀的，我倒可以考慮考慮。」

「哦，阿姨，您現在需要買米或油嗎？我可以幫您。」

「小夥子，你真實在。我現在還不用，只是打個比方。謝謝了。」

「阿姨客氣了。」

「小夥子，你人這麼好，我不買你的產品，還真有點不好意思呢。可我買了真的沒用。我跟你講吧，你這種產品品

質再好，你再努力，每家每戶地上門推銷，就算人家買，你也賣不出去多少。你不如去 XX 街，向那些店鋪老闆推銷，我們住這附近的居民，都愛去那條街買東西。」

「阿姨，謝謝你，我去過你說的那條街了，他們嫌我的產品是新牌子，不敢進。」

「你多去幾次啊。這樣吧，我的姪女在那條街上開了一個五金行，我帶你過去，讓她進你的貨。」

「阿姨，這樣不太好吧，有點強迫別人買我的產品之嫌。」

「沒關係，你對我這樣一個孤寡老人都這麼好，我猜想產品也不錯。」……

這個故事發生在我的朋友小林身上。

大學畢業後，小林在一家公司做業務員。因為剛去沒有經驗，一連好幾個月，一件產品也沒有推銷出去。

工作的不順，讓當時的小林感到鬱悶至極，現實的打擊讓小林迫切希望跟客戶溝通。可是，由於屢次吃閉門羹，小林連跟客戶說話的機會都沒有。只有這位阿姨，能夠「數落」他幾句。為了聽她說話，小林明知她不會買產品，還是忍不住去敲她的門。

沒想到鬼使神差，小林的這種耐心「聽」客戶說話的做法，竟然幸運的替他招來第一筆訂單。事後小林才知道，那

個店是阿姨開的，她說的姪女，其實是她僱的一個幫她看店的人。

透過這件事，讓小林開始重新思考自己的工作。並且第一次感覺到，做推銷，並不一定要能說會道，而是要學會傾「聽」。因為大部分客戶都還沒有耐心聽完你講就拒絕了，難怪來自各行各業的銷售高手都認為做業務耳朵要比嘴巴重要！

溝通從心開始，第一步就是學會傾聽，在銷售中，80%成交要靠耳朵完成，僅有 20% 靠嘴巴來講解。

小蘭是某服裝專櫃的店員。三年前，她做這行時，跟大多數人一樣，認為跟顧客打交道，就得會說。所以，在與顧客溝通時，她就像是開啟了話匣子，滔滔不絕地講了起來。然而，顧客在聽到她講第二句話時，就找藉口走開了。

一個月下來，來她這裡的顧客不少，但是買的卻不多。她開始質疑自己的能力。

「我到底哪裡做得不到位，才讓顧客感到反感？」小蘭心想，「我得想辦法問問顧客。」

她決定改變與顧客溝通的方式。

「您好，有喜歡的請試試。」再有顧客到她這裡時，她一改先前的喋喋不休，盡量簡短地跟顧客說話。

「嗯，說實話，你這裡的衣服品質不錯，就是款式太老

氣。」顧客是一個二十五六歲的女孩,「沒有我們這個年齡層要穿的衣服。」

聽了女孩的話,小蘭打量了一下自己掛起來的衣服,果然像女孩說的那樣,款式太老氣。

「嗯,您說得有道理,以後我少量進一些您這個年齡層的女孩穿的衣服。看看能不能賣。」小蘭說。

「你應該多進一些我們這個年齡層的女孩穿的衣服。」女孩說,「這附近有好幾所大學,有那麼多的辦公室,女大學生和女職員們都愛來這裡逛啊。」

小蘭恍然大悟。果如女孩所說,她後來進的那些時尚款式的衣服,很快就賣了出去。

此後,她跟顧客再溝通時,會以傾聽為主,即使與客戶說話,她也會用請教的口吻,比如,「您說得對,請問您還有什麼好的建議?」、「您最喜歡哪一款?」等等。

小蘭講完後,其他學員紛紛講了自己的銷售經歷。

「我在跟顧客溝通時,會先聽顧客說話,弄懂了他要表達的內容,再問他們話。一旦問對了顧客問題,顧客會高興,接下來的成交相當順利。」

「我通常不會用話來說服對方,而是用聽,常言說,言多必失。哈哈,客戶說的多了,會把他的好多訊息不經意地洩露出來。」……

　　做業務，我們首先要明白，對方拒絕的理由中有 60% 都不是心裡的真正想法。如果對方沒有告訴你為什麼要等以後再說，對方很可能是拒絕你了，正確的做法是問要清楚對方為什麼要等以後再去溝通，我們只有找到真正解決問題的突破口，業務員才有可能完成簽約。

　　早在 2,000 多年前，古羅馬政治家西塞羅（Marcus Cicero）就說過：「雄辯之中有藝術，沉默也有。」但是，許多人忘記了「聽」的藝術，結果這個世界上好的聽眾少之又少。

　　銷售人員首先應該扮演好聽眾，而後才是演說家。並且，在傾聽的時候直視對方，如果你能表現出濃厚的興趣，那麼你將會收到神奇的效果。

　　銷售人員如果能聽懂顧客弦外之音，準確掌握顧客的心理，瞄準時機，迅速出擊，會更快地達成交易：

■一、從客戶的話中「聽」出其意願

　　業務員要注意，如果你向客戶介紹產品過程中，你一直在說，客戶回應冷淡，或是偶爾看向其他地方，說明他對你說的內容沒有興致，這時你必須調整談話方式，激發客戶的興趣。如果客戶對產品提出很多問題，或是拿你推銷的產品跟其他的比，就說明客戶購買意願高，此時他正在思考該買哪一個。

■二、從客戶話中「聽」出反對的真正理由

如果客戶說：「我覺得你的方案很好，但我們真的預算不夠。」你此時一定要沉住氣追問：「如果拋開預算，您會考慮我們現在這個方案嗎？」用這樣的提問，能夠挖掘客戶真正的動機：或許是方案內容不夠周全，他提出的「預算不夠」只是推拖的藉口。

■三、從客戶話中「聽」出對方釋出的拒絕訊號

如果客戶說：「這麼忙還讓你特地跑一趟，可惜今天我實在找不出時間，請你下次再來吧。」越是如此客氣的話，越表明客戶是在委婉地拒絕。

■四、從客戶話中「聽」出他對你的印象

你在聽客戶的意見時，他若說「對，對。」並點頭回應時，說明他真心贊同你，你可以說：「您說得對！」這樣會讓他知道你明白他的立場。為了讓客戶感到自在，最好連呼吸節奏、說話的語氣和速度，還有身體的姿勢也都調整成與對方同步。如果你們這種同步的聊天能持續下去，說明客戶對你這個人還是認同的，此時你再尋找機會提產品。

言談中的關鍵資訊

我有一個忘年交的朋友，年輕時喜歡看周易八卦，中年後，幫人算命，很準，人稱「小諸葛」。上次我們舉辦跨界人才小型交流會特別邀請了他，他在活動上和我們分享了他為什麼「算命準」的原因，是藉用跟客戶談話時耐心傾聽的技巧，發現客戶的需求，然後引導客戶自己找到解決方案。

他說：「很多人找我算命時，不等我開口問，就急欲表達自己的所求，並把自己目前的處境、對未來的焦慮講出來。我做的就是開導對方，並且為他們設計未來構想……」

其實，不管是算命先生，還是我們業務員溝通，我們都在透過交流了解客戶的資訊，核心都是一樣的：問完客戶一個問題，要以專注的態度傾聽對方的回答。這樣既讓客戶有一種被尊重的感覺，又能讓客戶把寶貴的訊息流露出來。所以，我建議我們做業務的的，多向「算命」的人學習，學習他們有目的的問話，學習他們「聽」的策略。

上帝給我們兩隻耳朵，一個嘴巴，就是要我們多聽少講。業務員一定要記住，傾聽是跟顧客相互有效溝通的重要因素。千萬不要在客戶面前滔滔不絕，完全不在意客戶的反

應，結果平白失去了發覺顧客需求的機會。

大偉是某公司銷售部門的副總，他做業務員談的第一筆生意，就是在跟一位顧客交談時獲得的。

有一次，大偉在跟顧客聊天時，顧客無意中說道：「你們公司新生產的這種器具，我朋友去年就買過，價格比你們的還便宜。但因為品質不好，我那朋友退貨了。現在他正在為進不到品質好的器具煩惱呢。」

大偉甚感意外，他進一步問顧客，才知道，他們公司新生產的這批貨，之所以不好賣，是因為去年那家公司品質不好，才影響到他們公司這批產品。

有了這個突破口，大偉在向顧客推銷時，會強調產品的品質。並且做出產品有問題會給予賠償的保證。

那次的交易，大偉不但讓顧客買了一套他推薦的器具，顧客還把朋友介紹了過來。

這件事讓大偉明白，在傾聽顧客說話時，要多留意他們說的每一句話。任何一個顧客，只要他願意跟你說話，就說明他有跟你合作的意向。

「現在這個時代，大家都很忙，若顧客不打算買你的東西，你就是說盡好話，人家也不會在你這裡浪費時間的。」大偉總結說。

「優秀的業務員有時就像優秀的醫生給人看病一樣，在確定病人的病情前，優秀的醫生一定會問病人許多問題。譬如：『你什麼時候開始感到背部疼痛？』『那時你正在做什麼？』『有沒有吃了什麼東西？』『摸你這個地方會痛嗎？躺下來會痛嗎？』『爬樓梯的時候會不舒服嗎？』……」我在「一姐銷售冠軍特訓營上」經常和學員們一句一句解析這些神奇銷售話術

把業務員比作醫生，可能很多人都不理解，覺得業務員哪裡能跟醫生比啊，病人對醫生，那可是言聽計從。而顧客對待我們，是避之唯恐不及。

有句話叫「萬變不離其宗」。社會上的種種特殊產業善於借用神奇語言——問問題蒐集客戶一手資料最後高效成交的故事。

下面這個故事中的主角，是從推銷鞋油起家的企業家：

有一次，他在大街上免費幫人們擦皮鞋時，一位大叔問他：「小夥子，你可以猜得出我這雙鞋子的品牌嗎？」

他認出大叔穿的是某牌的鞋子，就隨口回答了。

「小夥子好眼力。我看你剛才擦了鞋油後，讓我的鞋子像新的一樣。看來，你們公司的產品確實不錯啊。」

他立刻有了精神，針對大叔的皮鞋，他小心翼翼地各種問：

「之前你擦什麼牌的鞋油？」

「用那種產品後，鞋子出現什麼狀況？」……

大叔很認真地回答他的問題那一刻，他覺得自己真的像是醫生跟病人對話一樣：一個耐心聽，一個認真說。

他終於悟出，用醫生的口吻和客戶溝通，這些問話能使顧客像病人那樣，覺得受到了醫生的關心和重視，也使他樂意跟你密切配合，讓你能夠迅速找到「病」源而對症下藥。

由此來看，在銷售的過程中把自己當成醫生，為客戶把脈後對症下藥，你的銷售就能做到更和諧更高效。所以，業務員在跟顧客溝通時若能夠扮演好醫生身分，也會使客戶願意密切配合，進而迅速發覺客戶真正的需要而適時地給予滿足，這才是一位卓越的業務員必備的特質。

我一直認為，一個優秀的業務員，首先是一個會察言觀色的人，他能夠從顧客言談中「聽」出寶貴的訊息。你可以從客戶以下表現來識別客戶的潛在訊息：

■一、客戶向你認真地了解產品訊息

比如，購買意願較強的客戶會認真、仔細地詢問產品訊息，表現出擁有產品的設想。

■二、客戶在意產品的品質問題

顧客問：「要是產品出現品質問題，能不能退貨？」我們可以從顧客上面言談中透露出的訊息，發覺顧客的購買意向。

■三、客戶在你面前誇其他產品好

「我朋友說 XX 車很實惠，看起來還不錯。」、「我同學買了這件衣服，穿上去看起來很修身」等等，這些說話中都能流露出顧客的購買意向。

除此以外，銷售人員還要多觀察顧客的表情動作，比如，顧客拿出電腦計算價格；銷售人員介紹產品優點時，客戶點頭微笑，認真研究產品和說明資料，詢問細節上的一些問題等等。顧客這些態度的轉變，都說明顧客正從觀望期到購買期。這時，你要做的就是多配合顧客。

給客戶許多說話的機會

如何為客戶創造說話的機會，下面這個故事給我們提供了很好的參考：

業務員小揚對客戶小黃說：「小黃，請你把那塊藍色布料的編號告訴我，好嗎？」小揚邊說邊提筆，做出準備記下商品編號的樣子。

其實，這個編號，小揚可以自己記，但他卻告訴小黃，請小黃告訴他。小揚的用意很明顯，就是想讓小黃參與。也希望在與小黃互動的過程中，來觀察小黃是否有購買的意願。假如此時小黃願意為他讀出編號，即表示小黃具有購買意願。

小黃：「你是說這個號碼嗎？我念給你聽，R561G789。」

小揚：「非常正確，就是這個號碼，謝謝您。」

小揚一邊欣慰地誇小黃，一邊拿筆在紙上記下了這個號碼，記完後，小揚又沒話找話地說道：「小黃，我這裡還有一些比較好的毛衣，請你看看。」

小揚的銷售目標並不只是賣一件毛衣。因為他知道小黃是開服裝店的，他希望小黃能夠多買幾件，拿到店裡賣給顧客。所以，小揚接著從包包裡拿出另外五種毛衣樣品。

小揚說：「這件咖啡色的毛衣品質不錯，款式也時尚，適合年輕女孩穿。您摸一摸，很有質感。」

小黃用手摸摸，說道：「的確，這件毛衣摸起來比我買的那件要好得多，款式也不錯，這是純毛的嗎？」

小揚：「對，毛線是從產地運過來的，可以說是純毛的，在製成毛衣前，毛線是經過加工的，所以，毛衣穿在身上才不會像其他純毛毛衣那樣，感覺到扎手。您可以試一試，很舒服的。」

小黃笑了，說：「我更喜歡剛才那件毛衣，顏色、款式都適合我。這件再好，我也不打算買了。」

小揚見小黃這麼說，就決定換一種方式說話。

他又拿出另一款的毛衣，這款毛衣跟小黃選的那款毛衣的顏色差不多，但價格卻比小黃買的那件毛衣要低。

「您看看這一件如何？」小揚放到小黃手裡。

「這件跟我買的那件毛衣很像啊。」小黃說道，「嗯，品質也比我那件毛衣要好呢。」

「不但品質好，價格也便宜。」小揚說，「您沒覺得這款毛衣質感也不錯嗎？送人比較划算。到時少加一點錢，說不定能把您這次的出差費賺回來呢。」

聽小揚這麼說，小黃又摸了摸毛衣，仔細問了價格，像是在自在自語：「價格還真不貴，還能再便宜嗎？我想多進

幾件，拿回家賣。我可不好意思賺親戚朋友的錢。」

「您也看過了，品質不錯。」小揚裝作為難地說，「價格也低，要是再低一點，我就得賠錢了。」

小揚這麼說時，心裡已經打算做出 5 到 10 元的讓步了。他想，如果小黃執意要求降價，他就每件先降 2 元，然後再一點點地往下降。

「這樣吧，你每件毛衣再降 5 元，我再多進幾件。」小黃說。

小揚故意猶豫了一會兒，說道：「您讓我少賠一點，每件我降 3 元。」

「你就別跟我爭了，我退一步，你退一步。取個中間，你給我每件便宜 4 元。」小黃顯然是下定決心要買了。

「好吧，不過我事先宣告，如果您賣得好，沒貨了，還得在我這裡拿貨啊，到時就不能按這個價了。」小揚說道。

「沒問題。」小黃痛快地回答。

故事中的小揚，堪稱是銷售高手，雖然其銷售過程和重點跟一般業務員的一樣。不過，我們仔細分析會發現，小揚推銷時說的話也不少，但是無論他說什麼，他始終是在為客戶創造說話的機會，控制著與客戶談話的局面。」

由此來看，在與客戶溝通時，業務員一定要主動，當然，我這裡說的這種主動，並不是讓你一直說話，而是用語言來控制現場氣氛，所謂「控制現場氣氛」，並不是讓你

「隨便擺布客戶」，它真正的含意是：當業務員在客戶面前進行推銷時，要讓自己具有一份權威的氣勢，就好像是學生眼中的老師；要讓自己能主導現場氣氛，好像舞臺上的主角能吸引觀眾的注意一樣。所以，業務員只有具備了能指導、引導、領導客戶、推動成交，才會成為卓越的業務員。

「我覺得控制現場氣氛的主要目的，是讓客戶隨時注意我的談話。」小古在我們「一姐冠軍特訓營」分享大會上說著，「有時候，客戶想有意無意地岔開我的話題，尋找一些藉口避開購買的決定時，我曾在心裡不時地提醒自己，拜訪客戶的目的是什麼？是推薦產品。如果我不能控制現場氣氛，那我推薦成功的機會將會變得愈來愈小。」

小古是我好友公司的「金牌業務員」之一。他在推銷產品時，最擅長的是跟大客戶簽單。他分享他的真實案例也給我們學員很大的啟發：

我屬於性格內向的人，平時在公司話也不多。給人的感覺是憨厚沉穩，讓人無法與機靈精明的業務員連繫在一起。可是，一旦你跟我談話時，你就會被我的氣場吸引住。

不愛說話的我，總是跟對方創造機會說話。

有一次，我跟一位來我們地區出差的客戶談話，有意思的是，那位客戶比我的話還少，而且我感覺客戶似乎對我們的產品還懷有排斥心理。

他一見到我，直接說：「小古，我這次本來不想來，是一位朋友叫我一定要來。我事先說，我對你們的產品不感冒，只是代朋友參觀一下你們公司的規模，拍幾張照片。」

我說：「您能在百忙中抽出一點時間來幫朋友辦事，說明您是一位講義氣的人。感謝您！」

客戶臉上掠過一絲笑意：「他是我最好的朋友，哥兒們。」

我把公司的宣傳資料遞給客戶：「您是喝咖啡還是喝茶？不管喝什麼，都得慢慢等，正好這些書給您解解悶。」

客戶不情願地接過宣傳資料，說：「我喝茶。」

我一邊給客戶泡茶一邊說：「我猜您就愛喝茶。」

客戶驚喜地問：「你是怎麼猜的？」

我笑著說：「愛喝茶的人淡定很多，還很有涵養、很睿智。」

客戶饒有興趣地問：「何以見得？」

我慢慢說道：「一片茶葉能歷經千年而不衰，除了形美味美外，時間的沉澱還有濃厚的文化底蘊在裡面，所以愛喝茶的男人有內涵淡定。」

客戶笑了：「那為什麼說睿智呢？」

小古答道：「一片嫩葉經受過熱火的洗禮、粉身碎骨的折磨之後，才能百煉成茶，留下淡淡的苦澀清香，一般愛喝茶的男人也經歷過歲月的洗禮，才有了容納萬物的寬廣，有

了無欲則剛的超然,有了心如止水的豁達。」

客戶的臉笑成了一朵花,連聲說道:「你真會說話,不過說得倒也在理,我這個人,還真是不願意計較太多,以前創業期間,受過不少的苦。」

我笑而不答,只是微微地點頭,表示在認真地聽。

客戶繼續說:「我創辦企業到現在,什麼大風大浪沒有經歷過啊,對一些事情早看淡了。倒是對於兄弟之間的情誼,我看得卻很重要。這次我幫這個朋友來你這裡考察,他說我忙就不用來了,可是我還是抽出時間來幫他看看。」

我說:「這我從您一進門就看出來了,我不多說了,您看資料吧。」

客戶打開資料,專注地看著,邊看邊問。我一一作答。

到中午吃飯前,客戶沒有依朋友的意思只拍幾張照片,而是自己付錢幫朋友訂購了一批貨。

客戶說:「我兄弟叫我拍照片,是擔心你們是小工作室,我人都來了,看到這麼大的廠房,這麼氣派的辦公室,還拍什麼照片,我直接幫他訂下來再帶幾本宣傳資料就可以了。」

不管是在婚姻中,還是在愛情中,甚至是在友情中,感情的淡漠通常是由於兩人之間缺少共同話題,我以我為中心,你以你為中心,各自活在各自的感覺當中,都不能為對方無條件付出,當然聊不來才出現疏遠的。在跟客戶相處時

也是一樣，比婚姻、愛情、友情難度更大的是，跟初次見面的客戶相處，要想處得好，除了學會傾聽外，更要為客戶創造說話的機會，這就需要我們學會聊天的技巧。

一般來說，要做到以下幾點，如表 5-2：

表 5-2 為客戶創造說話機會的聊天技巧

1	多傾聽，適度提問，少誇誇其談	這一點我就不多說了，作為推銷員，商機就在傾聽中。所以，你要在對方說話時，多傾聽，適度提問，讓他覺得你是在欣賞他，在信任他說的話，那麼他會更加願意跟你聊天。
2	減少廢話，提煉精華，給對方精準價值的話	提煉精華，直接說對方感興趣的話，能夠讓他覺得意猶未盡，當你們有了這樣的談話氛圍時，還怕他不給你簽單嗎？如何提起對方興趣呢，這就需要你察言觀色的技巧了。比如，如果對方不愛說話，說一句話都很難，那麼你就用簡短的話誇他的優點，讓他得到尊重；如果對方愛說話，那麼恭喜你，這時就看你如何針對他談論的話題提問了，提問的正確，能誘導他滔滔不絕地說下去。
3	保持熱情和快樂	正所謂話不投機半句多，如果你能夠在雙方的對話中應對自如，勾起對方的興趣點，會讓對方把注意力放在你身上的時候，那麼二次吸引就成功了。如果你跟客戶聊天的時候，你流露出一副厭煩的表情，客戶也會覺得沒有必要說下去了，這樣會讓人覺得你已經對他不感興趣了，或者是討厭他。如果你想讓對方輕鬆沒壓力，你就得表現出你的熱情和快樂，展示出你很喜歡跟他聊天的欲望，如果他看見你聽得那麼快樂享受，他也願意跟你多說一會，慢慢地話題就多了，話題多了，關係就近了，關係近了，你們之間就心有靈犀一點通了。客戶自然會記得你所惦念的事情，自動地把話題轉移過來。

「聽」出來的「大訂單」

　　我參加我輔導的 C 公司 2016 年「年度員工表揚大會」時，發現各部門的員工的分享心得總是五花八門，讓我啼笑皆非。因為本書寫的是銷售，我就把銷售部門一些員工心得寫出來給大家看看：

　　「我做業務快一年半了，也按照公司培訓中說的去做了，在跟客戶打交道時，多聽少說，可是為什麼還是沒有業績？」（我在旁批注：不會有效傾聽）「我每次跟客戶聊天時，客戶都聊得很盡興，當時感覺跟客戶的關係一下子就拉近了。但不知道為什麼，我那些所謂的好朋友客戶，卻一談『錢』就傷感情，到現在我的所謂的客戶兄弟倒是不少，可是都沒有成交過一筆大單。」（我在旁批注：不會從傾聽中捕捉商機）我從銷售部門幾十個員工的分享中，單拿出這兩個人的心得，然後，把他們叫過來，聽他們談一談「傾聽」無效的理由。

　　在我輔導的公司裡，那些持續參加特訓三個月的員工，很少有半年後還成交不了訂單的。也很少有跟客戶談成兄

199

弟，卻談『錢』傷感情的。但他們兩個的問題特殊，我叫他們來主要是想弄清楚阻礙的主要原因，然後一對一輔導對症下藥，尋找有效解決問題的方法，這樣才能真正幫助他突破。

有一次，我輔導的公司有兩位員工找我幫忙，一位是 D，已經一年半沒有業績了，另一個是 E，跟客戶一談「錢」，客戶就不理他了。我透過跟他們談話，很快就找到了他們無法成交的原因。

我在跟 D 交談時，D 幾乎不說話，他保持著接待客戶時的那招牌的微笑，點頭，嘴裡「嗯啊」地回答，等我講完後，問他我剛才說了什麼，他竟然支支吾吾地回答不了。

我笑著對他說：「我就知道你回答不了。你雖然聽得很認真，但你心思不在我這裡。如果我是客戶，會認為你是把我當傻瓜一樣對待的。你說，客戶心裡這麼認為，還會跟你繼續交往下去，在你面前當『大傻瓜』嗎？」

D 搔搔頭，不好意思地說：「您說我一天要接待多少客戶，這些客戶什麼人都有，誰有耐心聽他們婆婆媽媽的講下去啊。」

「『顧客是上帝』，認真對待顧客，並不是指你為顧客介紹產品，做好售後服務。」我說，「這只是作為業務員最基礎的必要條件。收錢的事情誰都喜歡做。關鍵是如何讓顧客

樂意、願意為你付錢。這就得需要感情投資了。這種感情投資，就是精神上的交流，在語言上產生共鳴。」

「我跟客戶談得特別投機。」E委屈地說，「可是他們總是在我一談到公司產品時，就說考慮考慮，半年下來，他們還在考慮，絲毫沒有簽單的意向。」

我問E：「你跟客戶聊什麼？」

E回答：「什麼都聊，他們聊，我聽。我的這些客戶和D的客戶一樣，說的都是一些跟買產品無關的問題，我可是工作啊，哪裡有時間跟他們耗費時間，我只有硬著頭皮聽。有一次，我聽一個客戶說，他的親戚開著什麼店，要進我們的產品，我眼睛一亮，但我細問才知道，他那親戚暫時還不打算進新產品。你說我氣不氣，可是我也不敢跟客戶說啊，就耐心地聽。原則是他講他的，我想我的。」

「這一年來，你就這樣跟客戶交流？」我很驚訝。

「您不知道，有些客戶，我看他們就是寂寞，想找人說話，就算是詐騙電話，他們也恨不得說下去的那種客戶。」E連忙解釋。

我說：「我的本意沒有埋怨你的意思，而是覺得，你怎麼會這麼不尊重客戶？我們公司培訓時多次提到，很多商機都在客戶平時說的話中。你難道沒記住。」

E 聽後低聲說：「我每天聽那麼多客戶說話，還真沒有聽到過什麼商機。」

「那是因為你沒有學會有效的傾聽啊。」我說道。

什麼是有效的傾聽？

有人曾經做過這樣一個遊戲：兩人一組，一個人連續說 3 分鐘的話，另外一個人只許聽，不許發聲，更不許插話，可以有身體語言。之後換過來。結束以後每人輪流先談一談聽到對方說了些什麼？然後由對方談一談聽者描述的所聽到的訊息是不是自己想表達的？

最後顯示的結果與其他培訓課上的情況相近，有 90% 的人存在一般溝通訊息的丟失現象，有 75% 的人存在重要溝通訊息的丟失現象，35% 的聽者和說者之間對溝通的訊息有嚴重分歧，比如：其中有一位想表達的意思是「婚姻是需要經營的」，而對方卻聽成了「在婚姻中不必過於勉強自己」，這是一種對溝通訊息的完全曲解。

當今世界最偉大的業務員喬‧吉拉德，也有因為不注意傾聽而失去訂單的時候。在一次推銷中，喬‧吉拉德與客戶洽談順利，就在快簽約成交時，對方卻突然變了卦。

當天晚上，按照顧客留下的地址，他找上門去求教。客戶見他滿臉真誠，就實話實說：「你的失敗是由於你沒有自始至終聽我講的話。就在我準備簽約前，我提到我的獨生子

即將上大學，而且還提到他的運動成績和他將來的抱負。我是以他為榮的，但是你當時卻沒有任何反應，甚至還轉過頭去和別人通電話，我一怒之下就改變主意了！」

此番話重重提醒了喬·吉拉德，使他領悟到「聽」的重要性。如果不能自始至終「有效傾聽」客戶講話的內容，了解並認同對方的心理感受，就有可能會失去自己的顧客。

看，連世界上最偉大的業務員也有過這樣的失誤。由此來看，我們對客戶不能有半點馬虎。

要做好推銷，就得腳踏實地。就像我們做人一樣，不能有半點虛假。聽客戶講話也是同樣的道理，必須耐心地聽，用心地聽，甚至同理心聽，唯有這樣才能讓你的傾聽變得有效。

作為業務員，一定要明白傾聽的重要性，只有學會有效地傾聽，才能夠感動客戶，那麼，如何傾聽才能夠做到有效傾聽呢？這裡面是有技巧的。

美國著名心理學家湯瑪斯·戈登（Thomas Gordon）研究發現，按照影響傾聽效率的行為特徵，傾聽可以分為三種層次。一個人從層次一成為層次三傾聽者的過程，就是其溝通能力、交流效率不斷提高的過程，如表5-3：

表 5-3 傾聽的三種層次

第一個層次	在這個層次上，聽者完全沒有注意說話人所說的話，只是在為了照顧對方的面子而假裝在聽，其實卻在考慮自己的事情，或是其他毫無關聯的事情，或是內心想著何辯駁對方。此時，對他來說，他更感興趣的不是聽，而是想著如何說。這種層次上的傾聽，是最容易導致雙方關係的破裂、衝突的出現和拙劣決策的制定。
第二個層次	人際溝通實現的關鍵是對字詞意義的理解。在傾聽的第二層次上，聽者主要表現在傾聽所說的字詞和內容，可在大多情況下，還是錯過了講話者透過語調、身體姿勢、手勢、臉部表情和眼神所表達的意思。這樣將導致誤解、錯誤的舉動、時間的浪費和對消極情感的忽略。除此以外，由於聽者是透過點頭同意來表示正在傾聽的，而不用詢問澄清問題，所以這樣還會導致說話人可能誤以為所說的話被完全聽懂或是理解了。
第三個層次	處於這一層次上的人，才是表現出一個優秀傾聽者的特徵。這種傾聽者是高效率的傾聽者，他們在說話者的訊息中能夠尋找感興趣的部分，他們認為這是獲取新的有用訊息的契機。高效率的傾聽者清楚地知道自己的個人喜好和態度，能夠更好地讓自己避免對說話者做出武斷的評價或是受激烈言語的影響。好的傾聽者從來不會急於做出任何判斷，而是感同身受對方的情感，並且能夠設身處地看待事物，這時他們更多的是詢問而非辯解。

湯瑪斯・戈登在統計後發現，約有 80% 的人，在與人交往時，只能做到第一層次和第二層次的傾聽，而在第三層次上的傾聽只有 20% 的人能做到。但正是這 20% 的高效率的傾聽者，成為做任何事都能接近成功的那一部分人。也就是所謂的八二法則（又名 80/20 法則），即最省力的法則、不平衡原則等。

業務員要想學習高層次傾聽的一些方法並不難，首先要做到以下幾點，如表 5-4：

表 5-4 高層次傾聽的方法

1	專心	透過非語言行為，如眼睛接觸、某個放鬆的姿勢、某種友好的臉部表情和宜人的語調，你將建立一種積極的氛圍。如果你表現的留意、專心和放鬆，對方會感到重視和更安全。
2	真誠地對對方的需要表示出興趣	你帶著理解和相互尊重進行傾聽，才能表現出對對方的需要的興趣來。
3	以關心的態度來傾聽	像是一塊共鳴板，讓說話者能夠試探你的意見和情感，同時覺得你是以一種非裁決的、非評判的姿態出現的。不要馬上就問許多問題。不停的提問給人的印象往往是聽者在受「炙烤」，表現得像一面鏡子：反饋你認為對方當時正在考慮的內容。總結說話者的內容以確認你完全理解了他所說的話。
4	避免先入為主	這發生在你以個人態度投入時。以個人態度投入一個問題時往往導致憤怒和受傷的情感，或者使你過早地下結論，顯得武斷。
5	使用口語	使用簡單的語句，如「嗯」、「噢」、「我明白」、「是的」或者「很有意思」等，來認同對方的陳述。透過說「說來聽聽」、「我們來討論討論」、「我想聽聽你的想法」或者「我對你所說的話非常感興趣」等，來鼓勵說話者談論更多內容。

　　在跟客戶談話時，你遵循這些原則會幫助你成為一名成功的傾聽者。所以，我們要養成每天運用這些原則的習慣，將它內化為你的傾聽能力，你會對由此帶來的結果感到驚訝的。

　　銷售專家一致強調「服務」的重要性。我在這裡理解的服務中也包括「有效傾聽」，你的「傾聽」讓客戶滿意了，是對客戶精神上「服務」了。

　　每一位業務員也都知道這個道理，但是能夠身體力行、踏實去做的人卻少之又少。許多業務員認為「顧客第一」是老調重彈，沒有什麼好強調的，然而，這正是成功的業務員所以能夠成功之處。

第六章

成交祕訣

找到弱點，給予適當的刺激

小佳剛做業務員不久。她為了跟一個客戶，用了整整三個月時間跟客戶溝通。客戶是一位中年女企業家，正遭遇著婚姻中的危機，再加上孩子又是青春期，可以說除了企業的生意順利外，其他一切都危機重重。

「人家的家事我不便參與。」小佳說，「雖然我是一位女性，聽著客戶的傾訴，我只是默默地聽，有時陪著流一些幫不上忙的眼淚。那時那刻，我們不再是業務員和客戶之間的關係，而是一對心意相通心心相印的好朋友。」

客戶就是這樣一邊處理家事，一邊忍不住向小佳訴苦。那段時間，小佳早已經不把客戶當客戶，而是當成朋友了。到了第三個月底，她甚至已經不再提及任何關於產品的事情了。

常言說，精誠所至，金石為開。每一個人的努力付出都不會白費的。這在我們業務員身上是非常明顯的。

小佳清楚地記得，客戶打電話來是在 7 月 31 號，她是先把貨款轉帳過來的，然後才拿的貨。

客戶對她說：「我們是很需要這方面的貨的，只是我那

時家事一大堆，已經無力經營了。其他業務員跟我一交談，看我不說產品，就扔下我不管了。雖然我跟他們仍在連繫，他們的產品比你們的也好，價格也便宜，可我還是會選擇你。趕在月底匯款，是想讓你拿獎金。」

小佳說：「當時聽了客戶這麼說，我激動得熱淚橫流，這比我賺到錢還要開心。我激動地問客戶，自己哪一點做得值得她這麼為我著想。客戶回答，我讓她感動。感動是世界上最美好的情感。所以她也要讓我感動來回饋我。」

小佳的客戶說得非常對，感動是世界上最美好的情感。在我們推銷產業，感動更是最美的語言。

銷售就是滿足客戶的心理。當你找準客戶的弱點，溫柔的去刺激時，勢必能夠感動客戶。未來的商業很難出現象可口可樂，麥當勞等這樣的大品牌，小而美的品牌會成為以後商業的主流——小時代。小時代品牌代表著顧客的情感消費，是情感的溝通。

幾年前，有一位客戶，不知道從哪裡拿到我的連繫方式，突然打給我，說要買我們的產品。

我成為公司主管後，由於事情太多，銷售方面的事情我已經不再插手。當時，我打算把這個客戶介紹給業務部的同事。

但我最終決定，自己親自接待這位客戶。

　　客戶要訂購的貨並不多，他之前也訂過我們的貨，不存在不信任的問題。價格上，因為他是老客戶，我也作了讓步，而且憑藉著我這塊銷售界的「老薑」，自然也在溝通上讓他十分滿意。

　　「經理啊，我再考慮考慮吧，您放心，我只要進貨，一定會在您這裡拿的。」他在電話上向我信誓旦旦。

　　「您太客氣了。」我溫和地說，「您之所以猶豫，是我服務做得不到位啊。我覺得我們的產品一定是哪裡讓您不滿意。哦，對了，您是擔心萬一我們的產品跟以前品質不符，我們不會退貨的，是嗎？」

　　「這個……」對方在電話那頭欲言又止。

　　「我說請您放心，這話就太俗氣了。」我果然猜中了他的疑慮，「這樣吧，您先象徵性地付些訂金，等你全部收到貨後，您賣出去一半聽顧客的回饋，如果顧客有什麼意見，您馬上回饋給我們。如果顧客覺得滿意，您再付全款。」

　　「經理啊，太謝謝你了。其實，並不是我不相信你，你不知道現在有些業務員，拿到錢就什麼也不管了。」對方感激萬分地說。

　　看了上面這兩個例子，你會發現，越是那些猶豫不決的客戶，越好搞定。這些老好人的客戶，一般是不會輕易得罪任何人的，包括我們這些業務員。不過還有一點，他既捨不

得得罪你，那麼他也捨不得得罪其他業務員。所以，在這種情況下，決定你能否拿下這個客戶的，不是客戶，而是你的競爭對手。

而要擠掉競爭對手，我們就得多「感動」客戶。為什麼要「感動」客戶呢？因為只有感動客戶，對待客戶好，才能夠發現客戶的「弱點」。

不管是做業務，還是做其他任何事情，我們要想做好，任何書和參考資料都只是一個參考而已。至於具體怎麼做，就靠你這個感動是世界上最美好的情感去演繹了。至於方法，請你們開啟手機的錄音開關 ── 」

因為人的性格成因複雜，既有先天遺傳，也有因為時空、環境、地位、學識、對象、年齡等因素而變化的；同時人的性格往往是複合性的，多種性格特徵融合在一起，社會經驗越豐富、閱歷越深更是如此。所以客戶的性格可能會隨著不同環境加以轉換，只不過在某種時空某一種或兩種性格會表現得比較突出，這個就需要我們憑經驗來做出判斷了。

據我多年的觀察和實踐經驗，以及我從各種相關的書中看到過的資料，整理出老好人的客戶特點，他們通常是這樣的外型特徵：衣著隨意、邊幅少修、心寬體胖、語速低緩、脾氣和善、優柔寡斷、極有耐心、時常反問、模糊答案。

為了讓大家看得更直觀一些。我來畫一張表（如表 6-1）：

表 6-1 對「老好人」客戶使用的用語

1	提前列出客戶疑慮並準備有效答覆	銷售人員最好提前想到並搜集一些客戶常有的疑慮,如產品或服務上存在的缺陷、交付能力等,並為每種疑慮都準備最有力的回答和一套切實可行的解決方案。	例如:對於那些有風險的產品的疑慮,銷售人員可以預先制定一套保單計畫,幫助客戶規避風險;對於產品品質的疑慮銷售人員可以提供包換維修服務,也可以實施試用制度;對於金額龐大,銷售人員可以提供分期付款,也可以建議貸款方案,客戶分期付款給銀行等;對於複雜的技術疑慮,銷售人員可以請專家講解,也可以請專業研究機構進行鑑定等。
2	請客戶參與產品評估和鑑別	不要刻意掩飾產品的缺陷,也不要對客戶的負面評論大發雷霆。	例如:如果客戶的疑慮是事實,你不妨直說:「我也聽到了別人這麼說過。」接著,請客戶自己重新評估和鑑別產品的好壞,幫助其對產品進行比較,從而消除他們的疑慮和困惑。這時需要銷售人員能夠清楚地了解競爭者的產品,能夠解釋他們的產品與自己的產品在特點、益處以及購買條件上的差別。在分析比較中,客戶就明白了你的產品的優勢。
3	恢復客戶的信心	恢復客戶信心是消除客戶疑慮的重要方法之一。因為在決定是否購買時,客戶信心動搖、開始後悔都是常見的現象。	例如:當客戶對自己的看法和判斷失去了信心,你必須強化客戶的信心和勇氣,幫助他們消除疑慮。同時,你還必須以行動和語言幫助客戶消除疑慮。你的沈穩和自然會展現出你的自信,都可以重建客戶的信心。你必須知道自己掌握了狀況,也一定要讓客戶知道這一點。消除客戶疑慮的最佳武器就是這種自信。
4	適時地提出建議	銷售過程中,你可以採用向客戶提出建議的方法來消除客戶的疑慮。當客戶有所疑慮時,通常會提出問題,若銷售人員不知如何回應,就會錯失良機。當客戶詢問你的意見時,表示他下不了購買的決心,如果你提不出好的建議,客戶向他人諮商,你就會失去了成功銷售的機會。	例如:客戶在決定購買產品時,需要他人肯定自己的決定是否明智,是否符合本身的利益。但客戶表現疑慮的方式各有各的不同,他們可能不高興、懷疑、唱反調,也可能不說話,或者面色不悅。不管客戶表現出怎樣的疑慮,你都必須一再向他保證,肯定客戶購買產品是當下最明智的選擇。所有客戶都會有疑慮,而你心須幫助客戶消除這種疑慮,客戶才會願意購買產品。

5	迂迴法消除客戶疑慮	我們在與他人溝通的過程中，特別是在指出他人的錯誤時，如果語言過於直白，往往會引起他人的反感和頂撞。這時如果採取迂迴的方法，既可以讓他人明白自己的錯誤與過失，又能夠使他欣然接受、樂於改正。有時，如果針對客戶的疑慮直接說出來，可能會越說越僵。而若採用迂迴法勸說，則有可能挽回局面。	例如：有一位顧客嫌棄產品不好時，銷售人員要微笑著把對方的疑慮暫時擱置起來，轉換成其他話題，用以分散客戶的注意力，瓦解客戶內心所築起的「心理長城」等到時機成熟了，再言歸止傳，這時往往會出現「山重水複疑無路，柳暗花明又一村」的新天地、新轉機。
6	間接法消除客戶疑慮	間接法又稱為「是的……不過……」法。這個方法的最終目的雖然也是在於反駁對方的拒絕，消除對方的疑慮，但比起正面反擊來要婉轉得多，拐了一個彎來說明我們的觀點，間接地駁斥了對方的觀點。	採用間接法消除客戶疑慮要注意兩點：一是當客戶明確告訴銷售人員「我不喜歡你們的產品，而喜歡別家的產品」的時候，銷售人員一定要冷靜地分析，誠懇地開導。因為事出有因，只有弄清楚客戶心中的緣由，才能對症下藥，並讓客戶心服口服。二是當客戶提出某家產品和你的產品相比較而揚他貶我的時候，你不能盲目抨擊客戶所提出的廠商或產品，而應在籠統地與客戶同調的同時，在「但是」或「不過」後面做文章，正面闡明或介紹你方產品的優越之處，即使是前邊已經進行過說明，在這裡仍不妨耐心而巧妙地再來一遍。

摸透傲慢型客戶

半年前，我參加朋友的婚宴時，同桌吃飯的客人中，有個能說會道的大姐，她主動加了我們所有人的社群軟體，然後一直勸我們看她發布的社群內容。出於禮貌，我在她的催促下點開了這位大姐的社群內容，發現她是一個廠商，專賣治療足癬的藥。上面發的照片，大多是一些令人不敢直視的，有著各種足癬的光著腳丫的照片。在飯桌上讓大家看這樣影響食慾的照片，顯然有點不妥。因為我是這個產業的人，深知做這行的艱辛，所以，為了照顧對方的面子，我沒有立刻刪除她。

「你這人噁不噁心啊，在吃飯時，讓人看這樣倒胃口的照片？」

我剛要收起手機，就聽到桌子對面的一個男人的聲音傳來，我順著聲音一看，是我們這桌的一位客人，此時，他氣勢洶洶地對著大姐說。

「兄弟，對不起啦。」大姐陪著笑，一臉歉意地說，「您一看就是見多識廣有教養的人，知道的事情多。您別看我年紀比您大，但我知道的比您少多了，我哪裡做得不對，還得

請您多多包涵。」

「你說這是人家的喜宴，本來是歡樂氣氛，讓你這樣一攪和，多掃興。」發脾氣的大兄弟雖然臉仍有慍色，但語氣和緩了很多。

「兄弟，對不起啊。我說您這人有素養嘛。」大姐再次道歉，「以後我記住了。兄弟，不好意思啊，這樣吧，我幫您刪除，不，把我加入黑名單吧。省得我每天發一些不好的照片打擾到您。當然，聽了您今天的話，我以後會少發一些關於這方面的照片的。」

「這倒不必。」那位兄弟語氣變得溫和了一些，「你是做生意的，發這些是應該的。」

「謝謝兄弟。」大姐連聲說道。

「你不要這麼客氣，不瞞你說，我和我老婆的腳……」兄弟放低聲音，看看周圍，「等我晚上回家，再一起看看你發的那些產品。」

大姐激動地握著兄弟的手：「兄弟，您別笑我耿直，我真的是第一眼看您，就看出您是有素養有涵養，也是識貨的人，不，是有內涵的人。」……

看著兩人談得這麼投機，有誰會想到，剛才他們之間的關係還是劍拔弩張。若不是親眼所見，親耳所聽，我無法相信，搞定一個傲慢型客戶的銷售語言，居然是這麼平常的言

語，只不過，是被這位大姐謙虛謹慎地說出來的。

在特訓營每期都有新的學員，問過我同一個問題：

「在工作中，如何跟那些傲慢型的客戶打交道？」

「老師，銷售工作中，最讓人煩不勝煩的是，有的客戶看上去冷淡傲慢，對我們這個人和產品各種挑剔不說，有時還會說一些風涼話。」

我總是告訴他們：「我們業務員的職責是，熱情地對待每一位客戶，認真地接受他們的批評。一旦碰到冷淡傲慢的客戶，不要跟他們辯解，而是尋找合適的機會介紹產品。」

我說的「守」，就是說在接觸冷淡傲慢型客戶的過程中，始終保持謙虛謹慎是銷售人員必須要做到的。

除此以外，我們說話必須時刻注意，防止說錯話，多說客戶的優點，不要談論其缺點，以換取客戶的信賴。也就是說，對待冷淡傲慢型客戶要以誠相待、真心相對、謙虛謹慎，這樣才能獲得他們的信任。

小華是一位資深業務員，他最擅長就是搞定傲慢型的客戶，他說：「我分析過，別看傲慢型的客戶初看讓人感覺很煩，但只要你把身邊碰到的那些傲慢型的人性格分析一下，就會發現，這些客人在某些方面都有過人之處。」

小華有一個客戶，在他們當地很有錢，對周圍的人一副盛氣凌人的樣子。跟人說話時，他總是高人一等，用貶低別

人的話來抬高自己。對於像小華這樣的業務員，他更是瞧不起。

然而，在這樣一個時代，誰也不要把別人看得太輕，因為說不定你就有用得上人家的時候。

果然，那個客戶家要裝修，而小華正是某品牌地磚廠商的業務。

跟小華一見面，就說：「你這裡的地磚價格是天價，怎麼看起來像垃圾場那裡去掉的地磚？」

相信一般業務員聽到這句話時，即使能忍住不當面朝他發作，也會找個藉口打發他走的。心裡會想：

「你傲慢什麼啊，我又不吃你的喝你的，不就是買幾塊地磚嗎？能賺你多少錢，我還要伺候你。」

但那樣做，就不是小華了。我們來看小華是怎麼做的吧。

「大哥，瞧您說的。您以為這世界上的人都像您一樣，外表和內涵是一樣的啊。」小華禮貌地說，「古人說了，海水不可斗量，人不可貌相。我們這地磚品質可是有保證的。若您不信，就到其他地磚店看看，您認為哪家地磚品質好，等我有一天有房子了，也跟著您買那個牌子的。小弟不是能人，只能跟著能人走。」

「你真會說話。」他樂了，「過來，跟我介紹一下吧。」

小華微笑著說：「嘿，大哥，您這眼光太好了，以後我

的目標就是賺錢買房，裝潢時也買大哥看好的地磚。」

交易就在這歡快的氣氛中開始了。

小華說：「我現在跟這位大哥成了好朋友，他經常把他買新房子的朋友們介紹到我這裡來。」

裝潢認為，碰到冷淡傲慢型客戶時，可以採取禮讓的方式抬高他，使其產生一種自己原本是高貴的感覺。盡量去尋找客戶令人喜歡的地方，盡量去習慣他的一切，不管怎樣，絕對不能對他產生任何偏見和不滿，否則你將更加不受歡迎。

不管是初次見面，還是已經見過面，遇到冷淡傲慢型客戶時，銷售人員一定要注意自己的形象、著裝、舉止、談吐、禮儀等，以給客戶留下良好的印象，讓冷淡傲慢的客戶不會覺得雙方差異太大，突破第一關，為進一步溝通、交談打下良好的基礎。

在《傲慢與偏見》（Pride and Prejudice）中的那個「傲慢」人物達西，出生於富貴之家，優越的家庭環境不僅塑造了他良好的教養、優雅的舉止，也同時培養了他傲慢的性格。但由於他具有知錯能改的優點，才讓讀者對他這一人物產生敬佩、崇拜之情。

業務員要鎮住傲慢型的人，也要具備兩點：一點是比他們某方面要強，讓他們要麼服你，要麼愛你；另一點是讓他們處處感到你很尊重他，在乎他。我覺得，我們做業務的

人，都要具備這兩點，否則，就別來做推銷了。

　　客戶形形色色、五花八門，各式各樣的人都有。有些人看起來和藹可親，而有的客人喜歡諸多批評，特別喜歡用別人公司的產品來批評我們的產品。

　　應付這類客人要避重就輕，切忌硬碰硬，接受客人善意的批評。假如批評是不合理但是無傷大雅的，可以輕輕帶過，假如是影響品牌形象的則要對客人禮貌的解釋。應對技巧就是要成功消除冷淡傲慢型客戶的威風，首先需要掌握此類客戶的心理特點，以便分析其冷淡傲慢的原因，採取相應的策略。

　　一般來說，冷淡傲慢型客戶都具有以下幾種心理特點，如表 6-2：

表 6-2 傲慢型客戶心理特點

1	喜歡隱藏自己的缺點	冷淡傲慢型客戶都不喜歡別人談論自己的缺點，因此往往會給人冷淡的缺點傲慢的感覺，不讓別人過度接近，以防止別人看清自己的缺點。這類客戶害怕自己受傷害，不得不用某種方式進行自我保護，但同時希望引起他人的注意，希望別人給予很高的評價。
2	貶低別人抬高自己	冷淡傲慢型客戶總是以貶低別人的方式來抬高自己，以「我並不比你差」這種感覺來彌補自身存在的自卑感，這種自卑感往往會使其產生貶低他人的心理。這類客戶自尊心特別強烈，他們是想透過和他人比較來找出自己的優點，由此來抬高自己，讓自己獲得情感和心理上的滿足。
3	感覺彼此興趣不同	冷淡傲慢型的客戶，總是認為自己是高一層的人，認為他人低自己一等而對別人不屑一顧。這種心態可能與其自身的性格和生活經歷有很大關係。

針對不同性格制定不同的策略

對於業務員來說，會遇到形形色色的客戶，但是，不管遇到什麼樣的客戶，你都要多說「好話」，好話能開啟他們的話匣子，特別是性格比較固執的客戶，你更要多說「好話」了，這是屢試不爽的祕密武器。

做業務的要記住，性格固執的客戶，具有以下特點：

第一，固執型的人，通常是比較有能力的，也是個性強的一種；第二，你是業務員，你搞定他，是你的能力，你想啊，你把比較有能力的人都搞定了，是不是說明你更有能力？實際上，固執的人心地一般都比較善良，只要我們學會理解他們，體會他們的感受，不要急於求成。找到他所感興趣的話題做切入點，然後再以他所能接受的態度說明你的觀點。就足夠了。

小琳大學畢業後來劉總的公司應徵，當時負責應徵的主管曾經猶豫過，覺得她是應屆畢業生，就讀的科系也跟招募的職缺沾不上一點邊。劉總的公司是服務業。而她念的是人類學系。

可是小女孩那個熱情，那個懂事、機靈的樣子，把不想錄用她的主管的顧慮打消了。

　　主管後來說，小琳跟他說的一句話是：「我連幾千年的殭屍都企圖研究透澈，企圖跟他們說話，別說跟活生生的人打交道了。我現在沒有業績，說多了全是廢話，您錄用我後就等著捷報吧。」

　　事實證明，小琳試用期還沒結束時，就簽了十幾筆訂單，而且還有一筆是十幾萬的大單。

　　同事們問她經驗，她真誠地回答：「經驗真的談不上，我這人就是性格好一點，客戶向我各種抱怨、發洩不滿時，我不會辯解，就是耐心地聽他們講。等他們講完了。我再小心地問他們，我說，我就打擾他們一小段時間，介紹產品？他們一定會氣呼呼地回答說不用。我再謹慎地對他們說，很抱歉自己沒說話就惹他們生氣了。知道他們這麼反感業務員，我就不會打擾他們了，真恨自己不是神仙，能時時洞悉人們的心思。一般情況下，我說到這裡時，客戶已經不氣憤了，有的還會笑。接著就自然而然地說到產品。然後在『謝謝你』中成交。」

　　「萬一碰到那些你說什麼都臭著臉不聽的客戶呢。」有同事問。

　　小琳說：「這樣的客戶很少，但是也有。我的對付方法就是聽他們一直講一直講，他們總有累的時候，他們總會在抱怨中透露一些讓他們鬱悶的訊息。等他們講累了，我先是

告訴他們我理解他們，再讚美他們大肚量，能夠聽我講這些話……總之，多用柔軟、溫和的語氣說一些好聽的話，話題是中斷不了的。」

發洩是人類在情緒激動時採用的一種正常方式，它能造成釋放和鎮靜的作用。在客戶因勃然大怒而發洩時，銷售人員最好不要阻止其發洩，你可以讓他盡情發洩。因為這時客戶需要的是「發洩過程」所造成的作用。千萬不要直接打斷他，更不能試圖終止他令人不快的、囉嗦的批評和不滿情緒。

另外，讓客戶把鬱悶與不滿完全發洩出去，而不要立即去解決問題，．或者試圖保護你自己。在客戶發洩抱怨之前，當你需要向他進行說明的時候，他們需要發洩。有時發洩和獲得一種移情作用的舉動都是他們所想要的東西。

看過名人成功、企業家創業史的人都知道，他們每個人的成長歷程都是苦汗血淚的辛酸史，他們所謂的風光背後，是一部部令人看完後淚流不止的勵志片啊。

從隱忍力看那些創業中的血淚教訓，這句話是千真萬確的啊。你今天去聽客戶發洩，明天去了還繼續聽，所以再去他就不一樣了，用不了多久就會被你征服的。

只要你面對發洩型客戶時，學會忍受，不放棄，銷售就會有希望。反之，如果你今天受不了顧客的抱怨不去了，然後就沒有「然後」了。

當客戶發洩的時候，他可能會表現出灰心喪氣、煩惱、失望或者氣憤等情緒。所有這些情緒中，氣憤是你最可能把它個人化的一種。因為生氣是正對著你的感情，提高的音量、突出的血管、不屑的眼神、晃動的拳頭和咒罵都可能使你想跑、躲起來或者以牙還牙。生氣是一種總想找人或找事責備的情感。如果你的腳尖踢在沙發上，你會生沙發的氣；如果一隻蚊子叮了你，你會生蚊子的氣；如果你把鑰匙鎖在車裡，你會生你自己的氣，然後狠狠地踢車輪一腳以表示你的沮喪。所以，儘管客戶對你發洩情緒，但你一定要牢記，你僅僅是他們傾訴的對象，不要把它當真。如果你把客戶的發洩轉嫁給自己，你就是自尋煩惱了。

在銷售過程中，你可能會遇到憤怒型的客戶，一個憤怒的客戶會把你鬧得十分不安寧。不管你是多麼彬彬有禮、多麼耐心認真，他都會捶胸頓足地向你發火。下面為你介紹幾種應對憤怒型客戶的方法，如表 6-3：

表 6-3 應對不同性格客戶的致謙語

1	找出客戶憤怒的原因	憤怒的客戶多表現為大喊大叫、吹毛求疵、貶低他人等等。銷售人員絕不能為這些表面的現象為迷惑，應該努力透過這些現象，探明客戶憤怒之下的真實原因。 客戶憤怒的根本原因在於不滿，即期待與現實的嚴重不符。如果銷售人員能找到客戶憤怒的根本原因，那麼，平息客戶的憤怒就會變得簡單起來。

2	耐心、耐心、再耐心地傾聽	聽客戶講並讓他知道你在認真耐心地聽他訴說是平息憤怒型客戶火氣的最佳方法。有時，客戶發火的原因是他認為這是讓別人聽自己訴說的唯一方法，使其平靜下來的最好方法就是主動耐心地傾聽他的訴訴。這樣客戶就知道你在注意他的傾訴。這時，你可以插入幾聲「噢，噢」，還可以使用以下幾句有效的話： 「這確實是一個不能忽視的問題。」 「我也很關心這件事。」 「我終於知道你為什麼這麼激動了。」 客戶訴說得越來越詳細，你可以重覆一下他的問題或概述一下他的問題，表示你在耐心認真地聽他說話。這種技巧可能是與他人相處的最好方法。
3	找出客戶想要得到什麼	在你成功地讓客戶相信你在聽他訴說時，你還要特別注意他想從你這裡得到什麼，最好的方法是問一下「你想讓我做些什麼」。這種發問可以使你發現這個憤怒型客戶究竟想幹什麼，還可以使對方停下來想一想，使他大腦開始反應，自動降低感情用事的程度。
4	找出解決問題的方法並跟客戶進行談判	一旦你找出了對方想要得到什麼，你便可以開始考慮怎樣解決這個問題。這時你會驚奇地發現，在客戶感到自己的傾聽被人傾聽之後，這個問題解決起來是非常容易的。
5	表示同情和理解	客戶的憤怒帶有強烈的感情因素，所以說，如果銷售人員首先能夠在感情上對對方表示同情和理解，那麼將成為最終圓滿解決問題的良好開始。對客戶表示同情和理解有多種方式，可以以眼神來表示同情，以誠心誠意、認真的表情來表示理解，以適當的身體語言，如點頭表示同意等等。在表示同情和理解的時候，態度一定要誠懇，否則會被客戶理解為心不在焉的敷衍，可能反而刺激了客戶的憤怒。
6	無論在什麼情況下，都要給客戶留足面子	沒有人願意承認自己的錯誤，我們寧可去記住繁雜枯燥的東西，也不會承認自己的錯誤。在這一點上，客戶跟我們是非常一致的。所以，在面對憤怒型客戶時，重要的是避免讓他當眾承認錯誤。 如果你能這樣解決問題，會讓客戶感到自己的才智、道德和價值觀被保住了，他就會很樂意配合你。如果錯誤明顯是由你造成的，你應該非常禮貌地對給客戶造成的不便道歉，宣布他們有理由感到氣憤並表示自己改正錯誤。如果你的錯誤使客戶浪費了時間和金錢，打一點折扣便可以做很好的生意。如果憤怒型客戶感到自己被別人理解了，他就會感到很愉快。

7	如果責任在自己，要立刻向客戶道歉	如果一件事中，是你自己的責任時，就應該立刻向客戶道歉。即使在問題的歸屬上還不是很明確，需要進一步認定責任的承擔者，也要首先向客戶表示歉意。 　　道歉是必要的，但應注意的是，不要一味地向客戶道歉。有的銷售人員好像習慣性地在面對憤怒型客戶時連聲道歉，這種一味地道歉，不但無助於平息客戶的憤怒，有時反而會更加激怒客戶。因為客戶需要的畢竟不是道歉，而是令其滿意的處理結果。所以，道歉的尺度自己要掌握好。

應對「精明」客戶的三招

小梅是某公司的業務總監，兩年前，她有一個客戶。在兩年多時間裡，只下過四次單，錢也不多，最多的時候才訂五萬多塊的貨，最少時只有訂幾千元的貨。當然，她並不是嫌棄他訂的少，而是他砍價時的狠，每次他在小梅這裡要了報價後，會拿著報價單去問其他同產業公司。

小梅猜到或許是其他公司的業務員，沒有她這樣好脾氣吧，幾句話就打發了他，並不給他報價。所以，他就只好又來盧她，讓她算便宜點。小梅只好一點點地降價。每降一次價，她的心都痛一次，雖然是銷售總監，但因底薪不高，全靠銷售業績。而業績是跟她的銷售額掛鉤的。銷售額多，拿的抽成才高。他一再壓低價格，自然會影響她的銷售業績。

然而，人就是這麼不知足。別看她一再依客戶的要求壓低價格，這個客戶還是覺得價格高。她就笑著對他說：「如果您覺得我的報價高，就去其他公司看看，去其他公司買。」

他氣沖沖地說：「你這是什麼態度，我是覺得你們的產品品質好，才來這裡買的。」

　　她笑著說：「一分錢一分貨嘛，品質好當然要貴一些了……」說到這裡小梅忙著捂住嘴。知道他接下來要說什麼了。

　　果然，他還是那句老話：「你都承認貴了，我以後不會去別的地方進貨了，就在你這裡，給我再便宜一點吧。」

　　她就這樣被客戶一點點地「砍」著價，在她降了五次後，客戶才答應先進五千塊錢的貨。她心裡暗暗高興，幸虧他訂得不多，否則自己賺得更少了。

　　讓小梅更頭痛的是，每次這位客戶來提貨，就會像魯迅筆下的豆腐西施一樣，順手拿走一些東西。比如其他樣品啦，或是其他器具的樣品，你一不留神，他就拿走了。

　　小梅告訴他不能拿時，他立刻指責小梅：「哎呀，你們這麼大一間公司，為這個賣不出去的樣品還跟我斤斤計較啊。」

　　她不想再說他了，覺得再說的話，又會換來他的數落。

　　令小梅鬱悶的是，一到銷售產品的旺季，他就來湊熱鬧，本來她的訂單就多，很忙。他還在這時來添亂。先是訂個幾千元的，接著訂個幾萬元的，拖著不付款，拖延貨期。

　　小梅一再對他說：「現在是旺季，我忙，貨也短缺，你再不付錢，我就把你的貨給別人了。」

　　這一席話，又會讓小梅招來他的一頓「痛批」。

　　小梅的客戶就屬於過度「精明」的客戶。俗話說，常在河邊走，哪有不溼鞋的。我們做業務的，遇到的客戶形形色色，而喜歡占點小便宜，是人性的一個特點。不光是我們的客戶，就連我們自己，都喜歡得到「免費的午餐」。

　　我們理解了自己，就能理解客戶了。在銷售時，我們可以巧花心思，滿足一下客戶愛占小便宜的心理，讓客戶開開心心地享受我們的服務，然後再快快樂樂地花錢，我們也在這歡樂的氣氛中低調地賺錢。此舉正應了古人那句「和氣生財」的話。這是多麼美的事情！

　　如何對付這種「精明」客戶呢？可以借鑑下面這個業務員的方法：

　　阿布開著一家牛仔褲專賣店，他在布置店面時，頗費了一番心思。

　　他的店裡，除了品質好的牛仔褲外，還陳列著各式各樣的物品：有女孩喜歡的各種小飾品，有男士需要的打火機等等。物品很多，使得他的小店顯得有點擁擠雜亂，但他的生意卻非常好。

　　一個賣牛仔褲的店，擺這麼多其他小商品幹什麼？用他的話回答，就是：「專給那些愛占便宜的客戶留的。」

　　或許你會問：「買這些商品，不賠錢嗎？」

　　阿布的回答是：「客戶買的牛仔褲價格千百元，你再送

給他這些幾塊錢或是十幾塊錢的小飾品，顧客自然會高興。賠當然不會，只不過是少賺一點。」

有一次，一對情侶到店裡買牛仔褲。

這對情侶顯然是一對「精明」到極致的客戶，他們在跟阿布砍價時，不直接在價格上砍，而是針對牛仔褲的做工、色澤以及產地加以挑剔，其挑剔的話讓阿布都招架不住。

「我這裡是專賣店，不講價的。」阿布說。

「我們喜歡這個牌子，不在乎價格，但你總得讓我們心理平衡吧。」女客戶回答。

「兄弟，告訴你吧，我們是這個品牌的老主顧。」男客戶說。

「這樣吧，您們先看看其他牌子的。」阿布說。

雙方就這樣互不相讓地交涉著，最後，三人都累了。暫時息了戰。

女客戶去看那些小飾品，男客戶則坐下來喝杯茶。喝了一口，他發現茶的味道非常好，便忍不住問阿布：「這杯茶裡用的是什麼茶葉？」

聽客戶說茶好喝，阿布根據職業習慣，猜出客戶也是一位愛喝茶的人。就投其所好，立刻拿出一包茶葉慷慨地送給男客戶。同時，阿布又送了女客戶看中的一個飾品。

客戶意外得到阿布的餽贈，自然覺得占了便宜，接下來

便談得很順利，付款時客戶也很痛快。

實際上，這是阿布對付「精明」客戶的一種策略。

「要想讓客戶有一種占便宜的感覺，就得對客戶投其所好。」阿布分析，「如果客戶是帶著老人或是孩子一起來的，那麼我可以送的東西就更多了。但我是不會主動送東西給客戶的，這會讓客戶覺得來得太容易而不懂得珍惜。我要等他們看中了店裡的某一樣東西提出要求時，我才故作『慷慨』地送給客戶。」

事實上，很多客戶在買牛仔褲之前，會先看看這些擺放的東西，然後再問阿布，如果買了牛仔褲，可以送點什麼給自己。因為客戶感覺自己在阿布這裡花了大錢，總得有點什麼東西贈送吧？

阿布就是利用人們這種想占小便宜的心理，故意不說出是贈品，而在客戶提出要求後裝作是「慷慨」地送給客戶。

久而久之，這些小飾品竟然成了處理阿布和「精明」客戶尷尬處境的潤滑劑！

在這種情況下，客戶反而覺得是自己佔到了便宜。

阿布在店裡擺滿各種小物品，是充分地利用了客戶喜歡占小便宜的心理，使客戶非常爽快並且十分開心地成交。雖然客戶占了小便宜，但是他的生意卻越來越好，獲得了更多的利潤。

　　不過，讓客戶占便宜也不能太過頻繁，這會讓客戶不珍惜的。要把掌握住分寸。要讓顧客覺得跟你打交道，感覺最「爽」。這種爽展現在五個字上，就是「占了大便宜」。

　　如何讓顧客感覺占了大便宜呢，不是在價格上一減再減，錢這東西，折讓多少我們都看不到。倒是送點小禮物，會讓客戶感覺占了便宜。畢盡，有這些實物在手，能讓客戶每次一看到，就會想起你來，心底還有一種占了便宜的感覺。

　　一般來說，「精明」的客戶權衡品質與價格時非常嚴格，他們既對價格方面非常計較，在議價方面也不會計較花多長時間。這類客戶在購買的過程中往往會給人一種猶豫不決的感覺。

　　面對這類客戶，業務員要多介紹促銷降價商品，另外也可以用對比價格的方式來推薦商品。「物美價廉」未必能俘獲他們的購買之心，但是「物超所值」的一定是他們的菜。

　　總之，要想滿足那些「精明」客戶貪小便宜的心理，一定要投其所好，保證我們所給予的「便宜」正合客戶的胃口精明的客戶極度謹慎與理智，也十分挑剔的。他們比其他人更在乎細節。他們對準確度，事實和數字十分關心。他們會留心商家的可信度，他們會不斷提醒自己要小心謹慎。即使在購買產品時，也會慢條斯理而且小心翼翼。

　　他們對業務員有一種不信任的態度。當業務員進行產品介紹說明時，他們看起來好像心不在焉，其實他們是在認真的聽，認真地觀察業務員的舉動，在思索這些說明的可信度。同時他們也在判斷業務員是否真誠，有沒有對他搞鬼，這個業務員值不值得信任。這些客戶對他們自己的判斷都比較自信，他們一旦確定業務員的可信度後，也就確定了交易的成敗，沒有絲毫的商量餘地。

　　這類顧客大都判斷正確，即使有些業務員有些膽怯，但只要我們真誠、熱心，他們會與你成交的，對付這類客戶有方法三種，如圖 6-1：

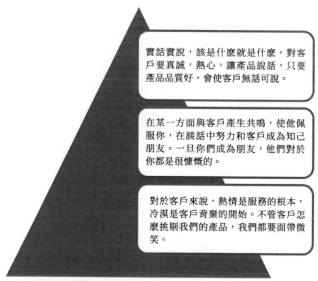

實話實說，該是什麼就是什麼，對客戶要真誠，熱心，讓產品說話，只要產品品質好，會使客戶無話可說。

在某一方面與客戶產生共鳴，使他佩服你，在談話中努力和客戶成為知己朋友。一旦你們成為朋友，他們對於你都是很慷慨的。

對於客戶來說，熱情是服務的根本，冷漠是客戶背棄的開始。不管客戶怎麼挑剔我們的產品，我們都要面帶微笑。

圖 6-1 對付「精明」客戶的方法

　　還有一類客戶最難對付，他們不但比較精明，並且具有一定的知識水準，也就是文化素養比較高，能夠比較冷靜地思索思考，沉著地觀察業務員，並且從業務員的言行舉止中發現問題的端倪，再跟業務員在價格上「開戰」。

　　他們就像一個具有高水準的觀眾在看戲一樣，演員稍有一絲錯誤都逃不過他們的眼睛，他們的眼裡看起來空蕩蕩的，有時還能發出一種冷光，這種顧客總給業務員一種壓抑感。

　　不過，這種客戶討厭虛偽和造作，他們希望有人能夠了解他們，這就是業務員所能攻擊的弱點。他們外表看起來很冷漠，嚴肅。雖然也與業務員見面後寒暄、打招呼，但一說話就冷冰冰的，沒有一絲熱情，沒有一絲春風。

　　業務員對待這類精明型的客戶時，要想辦法從他們的思想、理念上入手，並一一擊破，還是那句話：讓他們在這裡體會最「爽」的感覺。正所謂；一流業務員銷售思想、理念。二流業務員銷售好處。三流業務員銷售產品和服務。

用妙招面對猶豫不決的客戶

我在訓練營時被問得最多的一個問題，就是：「為什麼一些客戶看起來人高馬大的，說話也很豪爽，對我們的產品也認可，種種跡象表明，他們都有購買的訊號。可是一到付錢的時候，就會猶豫不決。這時候如果催他們付錢，他們有可能會不買，如果不催，他們就這樣耗著，他們是沉得住氣，可我們耗不起啊。」

我對他們說，遇到這類客戶時，千萬別耗著，而是採取行動。至於如何採取行動，我把一位朋友的方法分享給大家：

我這位朋友叫阿山，是賣健身器材的。有一位顧客在他這裡看過器材後，非常滿意，價格也談好了，可是總是遲遲不下單。

每次阿山給客戶打電話，客戶都會說：「我是真看中了那套器材啊！」

「那您怎麼不趕快買下來呢？」阿山說，「這套器材很熱銷呢，昨天還有人來問呢。」

客戶說：「你上次說過，這套器材不是還有幾套嗎？我

這幾天再跟家人商量商量。」

阿山一時無話可說。

直到有一天，另一套器材被另一個客戶買走了，只剩下一套了。阿山一著急，就打電話給客戶，一接通電話他就說：「您好，我是阿山，請問您要的那套器材，我是今天還是明天送到您家裡去？」

客戶：「這個……」

阿山緊接著又說：「今天吧，今天是平日，不塞車，正好我們的安裝師傅也來了，到時幫您裝上。」

因為第一套器械賣出去了，要幫客戶安裝，公司就派來了安裝人員。阿山想，正好趁此機會，一併給這個客戶也裝上。

客戶：「那，好吧，就今天送吧。」

這件事之後，阿山得出一個結論：當準顧客一再出現購買訊號，卻又猶豫不決拿不定主意時，做業務員的要對他們「狠」一點，即「窮追下去」，在問話上不能太過於「守」，而要採取帶有攻擊性的「二選其一」的回答技巧，主動幫客戶決定。

比如，業務員可以對客戶說：「請問您是要那部紅色的車還是黑色的車呢？」或是「你結帳是刷卡還是現金？」也可以說「我把這件長款的衣服包好了，短款的就收走了」

等，這種「二選其一」的問話技巧，只要準客戶選中一個，其實就是你幫他拿主意，推動他下決心購買了。

我的朋友小藝是對付這種猶豫不決型顧客的高手。

小藝是某化妝品公司的業務員。她的推銷方式很有意思，從來不跟客戶談訂單的事情，而是先和客戶一起熱情地討論哪款的化妝品好，確定了客戶喜歡哪款的產品後，她會主動幫客戶介紹此類產品，然後問客戶要訂多少貨？交貨日期？

下面是小藝跟客戶之間的談話，我們來借鑑一下：

小藝：以你的實力，20 箱沒問題吧？

客戶：先不要這麼多。

小藝：那我寫 15 箱。不過我現在這裡沒這麼多，要從總公司申請，我寫交貨日期為三天以後，可以嗎？

客戶：可以。

小藝：你是來這裡提貨吧。是上午還是下午？上午吧，上午人少，你在郊區，坐車過來比較不塞。

客戶：好。

小藝：那你先付我 30% 的訂金吧。現金、行動支付都行。我們公司的收款碼就在櫃檯旁，看到了吧。

客戶：看到了。

客戶邊說邊拿出手機：多少錢，我現在付吧。

小藝一邊低頭寫單子，一邊說了要付的訂金。

幫助準顧客挑選產品，也是業務員對付猶豫不決型的客戶的一個技巧。

其實，有很多準顧客即使有意購買意向，也不喜歡迅速簽下訂單，總要東挑西揀，即使是同一種產品，也要在產品顏色、規格、式樣、交貨日期上不停地打轉。這時，有經驗的業務員就得學會改變策略，暫時不要去談訂單和金錢的問題，而是轉而熱情地幫助對方挑選顏色、規格、式樣、交貨日期等。你一旦把這些問題解決了，你也就收穫了訂單。

勸說猶豫不決的客戶下單，還有如下說話方式，如表6-4：

表 6-4 勸說猶豫不決的客戶話術

1	先買一點試用看看	準顧客想要買你的產品，可是又對產品沒有信心時，你可以建議他們先買一點試用看看。只要你對產品有信心，雖然剛開始訂單數量有限，然而對方試用滿意之後，就可能給你大訂單了。別小看這個「試用看看」的技巧，能夠幫準顧客下決心購買。
2	欲擒故縱	有些準顧客天生優柔寡斷，他雖然對你的產品有興趣，可是拖拖拉拉，遲遲不作決定。這時，你不妨故意收拾東西，做出要離開的樣子。這種假裝告辭的舉動，有時也會促使對方下決心。
3	反問式的回答	所謂反問式的回答，就是當準顧客問到某種產品，不巧正好沒有時，就得運用反問來促成訂單。舉例來說，當準顧客問：「你們有銀色冰箱嗎？」這時，推銷員不可回答沒有，而應該反問道：「抱歉！我們沒有生產，不過我們有白色、棕色、粉紅色的，在這幾種顏色裡，您比較喜歡哪一種呢？」

| 4 | 快刀斬亂麻 | 在嘗試上面幾種技巧後，若都不能打動對方時，你就得使出殺手鐧，快刀斬亂麻，直接要求準顧客簽訂單。比如，取出筆放在他手上，然後直接了當地對他說：「如果您想賺錢的話，就快簽字吧！」還可以運用一種拜師學藝的語氣，同時，態度要謙虛，在你費盡口舌，使出渾身解數都無效，眼看這筆生意做不成時，不妨試試這個方法。比如：「X經理，雖然我知道我們的產品絕對適合您，可是我的能力太差了，無法說服您，我認輸了。不過，在告辭之前，請您指出我的不足，讓我有一個改進的機會好嗎？」像你這種謙卑的話語，不但很容易滿足對方的虛榮心，而且會消除彼此之間的對立情緒。他會一邊指點你，一邊鼓勵你，為了給你打氣，有時會給你一張意料之外的訂單。 |

如果我們仔細地分析那些猶豫不決的客戶特點，就會發現，他們之所以在「買」與「不買」之間徘徊，最重要的原因就是緣於他們對我們信任度不夠。所以，除了在說話方式上下功夫外，還要想辦法獲得他們的信任。下面，我為大家提供獲得客戶信任的一些技巧，如表6-5：

表6-5 獲得客戶信任的技巧

| 1 | 要不間斷地培養客戶對你的信任 | 銷售人員應該在第一次與客戶進行溝通時，就要注重培養客戶的信任感，而且信任培養必須要貫穿於每一次溝通過程當中，盡可能地使這種過程保持連續。如果銷售人員只是偶爾著手於建立客戶對自己的信任，那客戶就很難在內心形成對你的信賴感。 |
| 2 | 要以實際行動贏得客戶的信任 | 建立相互信任的客戶關係僅靠銷售人員的嘴上功夫，那可是遠遠不夠的。一些銷售人員把「我是十分守信用的」等語句經常掛在嘴邊，可是卻根本不會考慮客戶的實際需求，更不主動為客戶提供必要的服務，這樣做的最終結果是什麼可想而知。

要想贏得客戶信任就必須全心全意地付出，真正熱誠地關注客戶需求，為實現客戶需求付出實際行動。仍然套用那句老話：沒有付出就絕對不會得到收獲，如果不在每一次溝通過程中用真誠的行動感染客戶，那麼客戶信任就永遠無法形成。 |

3	不因眼前小利傷害客戶	銷售員千萬不要貪戀眼前小利而進行不利於客戶利益的活動，這樣會直接導致客戶對你的不信任，即使之前你已經令客戶對你擁有了99%的信任，但僅僅這1%的不信任就會使接下來的溝通出現重大逆轉。 　　對一位客戶的一次欺騙和傷害，就可能影響這位客戶周圍的一大片潛在客戶，而且這種惡劣影響是很難透過其他手段來挽回的。美國銷售大王喬・吉拉德的統計，平均每個人周圍有250個熟人，如果使一位客戶受到傷害，那很可能就會失去潛在的250位客戶。所以，銷售人員一定要謹慎衡量其中的利害得失。

如何應對保守型客戶

有一期銷售冠軍特訓營的學員佳佳分享的故事特別經典，對業務員的啟發性很大：

她小時候，有一次跟著父母到市中心逛街。

在最大的百貨大樓前，有一些廠商在那裡展示新產品，很多人圍在那裡觀看，卻沒有一個人購買。

「大家好，這是我們公司新推出的壓麵條機，其壓製出的麵條、麵筋韌性強度大，耐煮，不易斷，既適合於飯店、食堂、糕點廠，也適合於我們的小家庭。」業務員拿著話筒介紹，「這種新型壓麵條機的效能特點，一是採用齒輪傳動，運轉平穩、安全可靠；二是採用自動挑揀系統，效率高、品質好；三是自動輸送、自動斷麵、自動上桿，一次成型。」

「如果光為了吃麵條，買一個壓麵機，還真不划算。」圍觀的人們議論道。

「功能多著呢，除了製作麵條外，還能做餃子皮、糕點、麵點等，現在公司做活動，如果您購買的話，能享五折優惠。」促銷員勸大家，「有想購買的顧客，趕快動手吧。」

「嘿，這壓麵條機真是不錯啊。」父親對母親說，「價格

也便宜。我們買一臺吧。」

「這壓麵機壓出的麵真的好吃嗎？」母親有點猶豫，「你看大家都不買，我們別買了。以前沒見過這機器，萬一壞了，找誰修。」

「你沒聽促銷員說嗎，都有保固期的。壞了他們保證維修。」父親說，「我們就買一臺吧，麵條如果好吃，我們就可以在家裡幫左鄰右舍壓麵，加減收點工錢。」

「誰捨得花那個錢啊。」母親還是不同意，「再說了，都是鄉親，人家去壓麵，哪好意思收人家的錢？」

「我好意思收。」她在一旁幫腔，「媽，我們就買一臺吧。到時我負責宣傳、收錢。」因為她從小就喜歡做生意，所以，很贊成家裡買壓麵機。

母親經不起父親和她的輪番勸說，勉強同意了。

之後，他們買的這臺壓麵機在五年裡，一直是村裡唯一的一臺壓麵機，五年當中，這臺壓麵機不但讓我們吃到了各種有勁道的麵食，還幫我們賺了一筆可觀的錢。

為什麼村裡的人五年內都沒有買壓麵機呢？

原因當然是因為壓麵機價格太貴了。那天活動過後，壓麵機果真恢復了原價，因為其效能確實好，縣城的食堂、飯店以及愛吃麵條的人家，都是花原價買的。

「那次活動我也在場，當時想，以前可沒見過這種壓麵

機，吃了大半輩子的手擀麵，萬一吃不慣這種機壓麵，不就上當了嗎？不買，堅絕不買。」

這句話，成為當時很多人不買壓麵機的理由。

「買壓麵機」事件，深深地影響了她。那時她雖然年紀小，但她卻學會了：「我家並不富裕，自從買了壓麵機，家裡經濟情況好多了。不光村裡的人來我家壓麵，就連鄰村的人也會過來壓麵。」

事先說不好意思收錢的母親，此時儼然老闆娘，拿著本子一邊算帳一邊收錢。

晚上，母親一邊笑著數錢，一邊對她說：「幸好你爸和你勸我，才讓我們花那麼少的錢買了這臺給我們賺錢的壓麵機。要是外人勸，我是說什麼也不會買的。我這個人呀，思想老，跟不上新時代，也沒長著賺錢的腦子，不過還好，能聽你們的勸。」

母親的話讓她再次明白一個道理，對於保守的人來說，只有家人的勸說才能聽進去。

長大後，當她在銷售過程當中，也遇到過這類客戶，他們的思想跟不上形勢的發展，並且一旦認定了某種觀點，就會不顧一切地堅守，至於自己的觀點正確與否，是否跟得上時代，這不在他們的考慮的範圍內。我們背地裡稱這種客戶為保守型客戶。

　　保守型客戶無論是在工作上，還是在生活上都有自己固定的方式與態度，不具有配合他人的通融性。所以，保守型客戶是不會輕易地接受別人的意見，更不會輕易地在別人的說服下改變自己的觀點。在向保守型客戶推銷產品時，你會發現他們是很難應對的一類人，因為不管你怎麼解釋，他們總是非常固執地堅持自己的意見。而且，這種類型的客戶還很要面子，不管自己說的是不是有道理，都不會輕易讓步，特別是有其他人在場時，往往顯得更加固執己見。

　　她在面對這種客戶時，不會費盡心思地去勸說他們，而是想辦法接近他們身邊的親人，碰巧他們的親人不在身邊時，她會先跟他們說與推銷無關的話，以此來拉近與他們的感情。當感情深了，關係就近了。這時她說的話，才能夠讓他們聽進去。

　　小亮是某企業銷售部門的一名經理，在做推銷之前，他是一名醫護人員。在他眼裡，做推銷的人一定要能說會道外加臉皮厚。

　　「這可不是一般人能做得了的工作啊。」小亮心裡對自己說，「像我這樣性格內向的人，還真不適合做業務。」

　　因為他對銷售的職業抱有成見，小亮換工作後，一直不敢找銷售方面的工作。

　　有一天上午，他準備開始找工作時，聽到敲門聲，他開

門一看，是幾天前推銷洗髮精的那位年輕的業務員。

「您好，我是上次向您推銷洗髮精的業務員小方。」對方禮貌地說，「請問您試過我送您的樣品了嗎？」

小亮是個老實人，如實說道：「不敢用，因為我之前沒用過這個牌子的洗髮精，擔心用不好傷我的頭髮。」

小方笑著說道：「不會吧，像您這麼沉著冷靜的人，會接受不了新產品？」

聽到對方誇自己「沉著冷靜」，小亮很高興，話也多了，他問道：「你怎麼看出我是沉著冷靜的人的？」

「這是您身上的特質，一眼就能看出來啊。」小方禮貌地說，「不瞞您說，正是您的沉著冷靜給了我力量，才讓我有勇氣第二次敲開您的門。我剛做業務還不到一個月呢。」

就這樣兩人越談越投機，小方告辭時，小亮主動提出要買兩瓶洗髮精。

「不就是幾百塊錢嘛。」小亮當時心想，對方這麼了解我，即使洗髮精品質不好，自己也認了。

巧合的是，正是這兩瓶洗髮精，改變了小亮的職業方向。幾個月後，小亮跟小方成了同事。

原來，小亮用過在小方這裡買的新洗髮精後，發現比他用了好幾年的舊牌子品質好多了。就把另一瓶送給家人用。家人用後也連聲說好。

事後，小亮深有感觸地說：

「兩次跟小方打交道，顛覆了我對業務這份職業的認知。原來，做業務並不一定要能說會道。小方每次跟我說話，都保持著禮貌，話不多。而讓我決定加入銷售業的是，小方說的那句『您的沉著冷靜給了我力量！』。我想，原來做業務並不是要能說會道，而是真心為顧客好。小方賣給我的產品就是最好的證明。由此我悟出，一個優秀的業務員，是真心實意地在為客戶著想，真心實意地在為客戶服務。是在行動，而不是光說不做。」

小亮來我們公司做業務員的第一天，他就跟著小方出去上門推銷，也是洗髮精。第一天下來，他雖然沒有任何收穫，而且這工作是又苦又累又讓他感到很丟人 —— 但晚上回到員工宿舍，看著同事們那一張張熱情的笑臉、充滿熱情的生活狀態。小亮義無返顧地留了下來。

不到一個月，小亮的推銷工作就做上手了。奇怪的是，小亮最擅長的就是搞定那些思想保守型的客戶。

小亮說：「可能這跟我的經歷有關吧，而且我本人也當過保守型的客戶，能抓準這類客戶的心理，即對新事物懷有『排斥』的心理，現在我才明白，這種心理不叫『排斥』，而是因為思想太守舊，接受不了，不敢接受。要克服這種心理，需要一個有耐心的人慢慢對我們加以引導。我就是被小

方引導過來的。在推銷工作中，我就是利用這種『引導』式方法來引導顧客，慢慢地感化他們。比如，我會用請教的口吻對保守型的顧客說：『您說得非常有道理，您能幫我分析我們公司的這種產品，跟您心中想要的產品有什麼不同嗎？』或說：『聽您說話，我感覺您人很沉穩，懂得也多，真希望能夠和您一起來看看這款新產品。』」

面對保守類型的顧客，業務員要在語言上多展示產品給顧客帶來的實際利益和好處，建議其嘗試新的產品。同時，你還要細心觀察其舉動，並適時地來讚美他們，建立真誠的交易關係。

一般而言，保守型客戶性格比較內向，也有一點自卑，所以，業務員在跟他們打交道時，要學會探究他們的「優點」，並藉機把這種「優點」加以頌揚。由於人們喜歡親近會肯定自己的人和事，所以，當你讚揚顧客的話被對方認可時，那麼保守型客戶就會把你當作朋友，你搞定他也就易如反掌了。

下面，為大家提供幾種應對保守型客戶的方法，如表6-6：

表 6-6 應對保守型客戶的方法

1	設法讓保守型客戶說「是」	由於保守型客戶不會簡單地接受別人的意見，所以，銷售人員在說服他們時，如果不帶任何過渡的話就直接進入主題，就會讓他們更加堅持自己的想法，不利於以後說服工作的開展。正確的做法是從與說服主題關係不大的事情慢慢談起，用平和的態度迎合對方，使其一開始就說「是」。銷售人員盡量不要讓客戶把「不」字說出口，以免他因為維護尊嚴而堅守錯誤觀點。 銷售人員要盡可能地啟發保守型客戶說「是」，用「是」的效應來使他們接受你的影響。人們為了維護自己的尊嚴，維護自我的統一性，不會在同一個問題上說了「是」後再說「不」，沒有人願意給人留下一個出爾反爾的壞印象。
2	做到以理服人	保守型客戶往往對新事物都帶有偏見。偏見的產生源於對事物不全面或不深入的認識。銷售人員如果能夠做到以理服人，分析清楚執偏見者所沒有認識到的另一面，並明確、有邏輯地表達出來，就不難達到說服這種客戶的目的了。
3	學會利用權威說服他們	幾乎人人都相信權威，有權威的東西往往具有很強的說服力。保守型客戶雖然總是以自我為中心，不顧及別人的看法，但他們往往重視權威人士的意見，甚至借權威意見來反抗別人。針對保守型客戶的這種心理，銷售人員可以引證權威人士的話來說服他們。
4	不要企圖馬上說服客戶	遇到保守型客戶時，銷售人員不要企圖馬上說服他。因為你越想馬上說服他，他就會越保守固執。如果銷售人員竭盡全力把客戶的理由都反駁了，那就更糟了，客戶很可能因為頑固到極點而發作，這樣會讓雙方都很難堪，不但這筆生意做不成，還會影響到下筆生意。所以，銷售人員首先要切記盡量接受客戶所說的事情，他的理由更應該聽，並在適當的時候向他點頭認同，這樣一來客戶就以為自己的看法已被你所接受，自己得到滿足後自然產生了「聽對方意見」的願望。這時你再向他解釋是很有效的。銷售人員應學會忍耐，直到客戶收斂自己的言行而準備聽你的話為止。

第七章

依據客戶消費特質，精準成交

滿足精神需求

我在訓練營中多次講過，我們做業務的，銷售的其實不是產品，而是客戶的「感覺」。每一位客戶，都希望得到他人的認可和尊重。當你對客戶的推銷能夠滿足客戶的精神需求時，那麼成交是早晚的事情。

心理學家馬斯洛認為，人有受到他人尊重的需要。人人都希望能夠得到他人的認可和尊重。顧客渴望滿足尊重需要的欲望，包括自尊與來自別人的尊重。自尊包括對獲得信心、能力、本領、成就、獨立和自由等的願望。

當下，許多顧客熱衷於購買各種上等、名牌商品，因為這些商品不僅做工精美、品質可靠，還可以提高使用者的身分。面對眾多可供選擇的產品與服務，顧客尤為看重自己得到足夠的重視。

銷售技巧很難學，尊重客戶卻簡單得多。在社會中，每個人都希望表現得有能力、有價值、有用處，希望能發揮自己的作用。業績好的人員，首先是因為他滿足了客戶維護自尊心的心理需求，贏得了客戶的信任和好感。

有一次，喬‧吉拉德去拜訪一位顧客，與他商談購車事

宜。在交談的過程中，一切進展順利，眼看就要成交，但對方突然決定不買了。到了晚上，他仍為這件事感到困擾，實在忍不住就打了電話給對方：「您好！今天我向您推薦那輛車，眼看您就要簽約了，為什麼卻突然走了呢？我檢討了一整天，實在想不出自己到底錯在哪裡，因此冒昧地打電話來請教您。」「很好！你在用心聽我說話嗎？」「非常用心。」「可是，今天下午你並沒有用心聽我說話。就在簽字前，我提到我的兒子即將進入密西根大學就讀，我還跟你說到他的運動成績和將來的抱負。我以他為榮，可是你根本沒有聽我說這些話！」喬·吉拉德對這件事毫無印象，當時他確實沒有注意聽。電話裡的聲音繼續說道：「你根本不在乎我說什麼，而我也不願意從一個不尊重我的人手裡買東西！」

喬·吉拉德在顧客說話時心不在焉，惹惱了顧客，白白丟掉了唾手可得的訂單。

由此來看，業務員對待客戶，千萬不能急躁地推銷自己的產品，而是要一邊拉近關係一邊推銷產品，這樣對客戶有更大的吸引力。喬·吉拉德透過這次銷售懂得了尊重顧客的重要性，從此，他牢記教訓，發自內心地去尊重他的每位顧客，事業取得了巨大的成功。

過了不久，有一位中年婦女走進了喬·吉拉德的雪佛蘭汽車展間，說她想在這裡看看車。她想買一輛白色的福特

車，但對面福特汽車的業務員請她一小時後再過去。她告訴喬·吉拉德今天是她55歲的生日。「生日快樂，夫人！」喬·吉拉德一邊說，一邊請她進來隨便看看，對她說：「夫人，您喜歡白色車，既然您現在有時間，我給您介紹一下我們的雙門式轎車，也是白色的。」

過了一會兒，女助理走了進來，遞給喬·吉拉德一束玫瑰花。喬·吉拉德把花送給這位女士，說道：「祝您生日快樂！」這突如其來的舉動，讓這位女士感動得眼眶都溼了。「已經很久沒有人給我送花了，」她說，「剛才那位福特業務看我開了部舊車，就以為我買不起新車，我剛要看車，他卻說要去收一筆款，於是我就走進這裡來等他。其實我只是想要一輛白色車而已，只不過表姐的車是福特，所以我也想買福特。現在想想，不買福特也可以。」最後她買走了一輛雪佛蘭車，並寫了一張全額支票。

吸取教訓後的喬·吉拉德，在接待這位女士時，從頭到尾都沒有勸她放棄福特而買雪佛蘭，結果反而達成了交易。最重要的原因是這位女士在喬·吉拉德這裡感受到了重視，覺得自己確實受到了如同上帝般的待遇，才放棄了原來的打算，轉而選擇他的產品。

為什麼本來不打算購買的顧客能夠放棄原來的想法，原因就是優良的服務讓顧客感覺到了人格的尊重。銷售人員要

照顧到顧客的情緒，憑藉服務細節上的周到來打動顧客。任何一位顧客都討厭受到冷遇，如果銷售人員在談話中把顧客晾在一邊，顧客就不會與你做生意。

要想滿足顧客渴望受到尊重的心理時，銷售人員需要注意以下幾點：

■一、業務員不能「勢利眼」

不論什麼樣的顧客都應該一視同仁地對待，勢利眼是最傷害顧客自尊的行為，只要一個眼神閃過，被顧客捕捉到，他們購買的行為基本就終結了。購買不是一次性買賣，眼光需要放長遠。顧客在沒有信任你之前，總要走走看看。

■二、熱情地做好每項服務

注意細節，面帶微笑，微笑可以向顧客傳達一種善良友好、真心實意的感覺，更可以創造一種和諧融洽的氣氛，使顧客倍感愉快和溫暖，不知不覺，縮短了與你的心理距離。

■三、照顧顧客的心理感受

顧客的心理感受很微妙，稍微不留神，就會產生拒絕的心理。顧客經常會談及一些和購買關係不大的事情，銷售人員千萬不能流露出不屑一顧的表情。銷售人員要善於觀察，在談話和表情的細節上下功夫，理順和顧客溝通的管道。

■ 四、展現一種人文關愛

從本質上說，銷售是一種精神層面的東西，可以理解為一種人文關愛。對顧客的關愛，展現了銷售是一種商業大道。高尚生活的原則是「優雅生存」。優即優質，雅即雅緻。現代經濟學的終極目標也是為實現「優雅生存」而服務的。

在銷售中，如何展現對顧客的尊重和關愛？首先是有一種對顧客的尊重和關愛的思想，尊重顧客、關愛顧客，真正把與顧客的關係當作一種唇齒相依的關係來珍惜。其次是換位思考，你的策略、銷售目標、政策都要善於換一個角度，努力從顧客的角度思考。再次是誠信，誠信也是展現對顧客的尊重和關愛的一種方式。

■ 五、注意各種場合禮儀的應用

除了關愛之外，禮儀也是必要的。喬‧吉拉德說：「銷售人員需要從內心深處尊重顧客，不僅如此，還要在禮儀上表現出這種尊重。否則，你就別想讓顧客對你和你的產品看上一眼。」所以，銷售人員在交易中需要注意下面這些禮儀。

1）稱謂上的禮儀。無論是打電話溝通還是當面交流，彼此之間都需要相互稱呼。如果在稱謂方面就使對方產生了

不悅，接下來的溝通就很難產生積極的互動。所以，銷售人員必須熟練掌握與顧客溝通時的稱謂禮儀。

▸ 熟記顧客姓名。銷售人員在開口說話之前至少要弄清楚顧客姓名的正確讀法和寫法。讀錯或者寫錯顧客的姓名，看起來可能是一件小事，卻將使整個溝通氛圍變得很尷尬。

▸ 弄清顧客的職務、身分。當銷售人員與顧客進行溝通時，還需要在了解顧客職務、職稱的基礎上注意以下問題：稱呼顧客就高不就低，有時顧客可能身兼多職，此時最明智的做法就是使用讓對方感到最被尊敬的稱呼，即選擇職務更高的稱呼；稱呼副職級顧客時要巧妙變通，大多數時候可以把「副」字去掉，除非顧客特別強調。

2）握手時的禮儀。利用握手向顧客傳達敬意，引起顧客的重視和好感，是那些頂尖銷售高手經常運用的方式。要想做到這些，銷售人員需要注意如下幾點：

▸ 握手時的態度。與顧客握手時，銷售人員必須保持熱情和自信。如果以過於嚴肅、冷漠、敷衍了事或缺乏自信的態度和顧客握手，顧客會認為你對其不夠尊重或不感興趣。

▸ 握手時的裝扮。與人握手時千萬不要戴手套，這是必須引起注意的一個重要問題，如果戴了就要摘掉。

▸ 握手的先後順序。握手時誰先伸出手，在社交場合中遵
　循以下原則：地位較高的人通常先伸出手，但是地位較
　低的人必須主動走到對方面前；年齡較長的人通常先伸
　出手；女士通常先伸出手。但是，對於銷售人員來說，
　無論顧客年長與否、職位高低或性別如何，都要等顧客
　先伸出手。

▸ 握手時間與力度。原則上，握手的時間不要超過 30 秒。
　如果是異性顧客，握手的時間要相對縮短；如果是同性
　顧客，為了表示熱情，時間可以稍長，同時握手的力度
　也要適中。作為男性銷售人員，如果對方是女性顧客，
　需要注意三點：第一，只握女顧客手的前半部分；第
　二，握手時間不要太長；第三，握手的力度一定要輕。

3）使用名片的禮儀。在接顧客的名片時，一些銷售人
員不講究禮儀的做法常常會令顧客感到嚴重不滿。正確的禮
儀，除雙手向顧客奉上名片，使顧客能從正面看到名片的主
要內容；雙手接住顧客遞過的名片，拿到名片時表示感謝並
鄭重地重複顧客姓名或職稱之外，還包括以下幾條。

▸ 善待顧客名片。事先準備一個名片夾，在接到顧客名片
　後慎重地把名片上的內容看一遍，然後再認真放入名片
　夾中。既不要看也不看就草草塞入名片夾，也不要折
　損、弄髒或隨意塗改顧客名片。

▸ 辨識名片訊息。除了名片上直接顯示的顧客姓名、身分、職務等基本資訊之外，銷售人員還可以透過一些「蛛絲馬跡」了解顧客的經歷和社交圈等。如果上面有住宅電話，銷售人員不妨用心記住，這將有助於今後更密切地展開連繫。

▸ 對名片進行分類。第一，對自己的名片進行分類。這主要針對那些身兼數職的銷售人員而言。如果你的頭銜較多，那不妨多印幾種名片，面對不同的顧客選擇不同的名片；第二，對顧客的名片根據自身需要進行分門別類。這既可以在你需要時方便查詢，也會使你的名片夾更加整齊、有效。

4）與顧客談話的禮儀。一定要把顧客放在核心位置上，不要以你或你的產品為談話的中心，除非顧客願意這麼做。這是一種對顧客的尊重，也是贏得顧客認可的重要技巧。銷售人員在與顧客溝通的任何時候都務必要以對方為中心，放棄自我中心。例如，當你請顧客吃飯的時候，應該先徵求顧客的意見，他愛吃什麼，不愛吃什麼，而不能憑自己的喜好，主觀地為顧客點菜。如果顧客善於表達，就不要隨意打斷對方說話，但要在顧客停頓的時候給予積極回應；。如果顧客不善表達，那也不要只顧自己滔滔不絕地說話，而應該透過引導性話語或合適的詢問讓顧客參與到溝通過程當中。

5）相互交流時的禮儀。與顧客進行交流時，銷售人員要注意說話和傾聽的禮儀與技巧，要在說與聽的同時，讓顧客感到被關注、被尊重。

▸ 說話時的禮儀與技巧。說話時始終面帶微笑，表情要盡量柔和；溝通時看著對方的眼睛；保持良好的站姿和坐姿，即使和顧客較熟也不要過於隨便；與顧客保持合適的身體距離，否則距離太遠顯得生疏，距離太近又會令對方感到不適；說話時，音量、語調、語速要合適；語言表達必須清晰，不要含混不清。

▸ 聽顧客談話時的禮儀與技巧。顧客說話時，必須保持與其視線接觸，不要躲閃也不要四處觀望；認真、耐心地聆聽顧客講話；對顧客的觀點表示積極回應；即使不認同顧客觀點也不要與之爭辯。

對顧客絕對的尊重，是每個銷售人員最基本的職業素養。要從思想上端正，只有顧客滿意了，才能達成購買行為。要抱著「顧客永遠是對的」觀念，時刻展現出對顧客的人文關愛，不要犯一些明顯的忌諱和錯誤，引起顧客的不滿。

利用從眾心理

　　銷售中有一種奇怪的現象，越是生意好的時候，買的人就越多，越是生意差的時候，生意就會越冷清。如果沒有人買，自己也不買；一見有人排隊，就趕緊排進去，不管東西好不好，趕緊掏錢，生怕錯過了購買的機會。這反映的是顧客的從眾心理。

　　從眾心理，指個人受到外界人群行為的影響，而在自己的知覺、判斷、認知上表現出符合公眾輿論或多數人的行為方式，通俗地說就是「趕流行」。而實驗表明，只有很少的人能夠保持獨立性，沒有從眾，所以從眾心理是大部分個體普遍具有的心理現象。

　　顧客的心理是，畢竟大家都在買，品質肯定錯不了，即便上當了，也不止我一個人。也就是說，多數人怎麼看、怎麼說、怎麼認為，自己就採取相似的行為。由此可見，個人認知水準的有限性是從眾心理產生的根本原因。

　　消費行為是一種個人行為，也是一種社會行為，既受個人購買動機的支配，又受購買環境的制約。顧客把大多數人的行為作為自己行為的參照，這就意味著，銷售人員準確地

掌握顧客的這種心理可以成功地促成銷售。

銷售人員可以利用人們的從眾心理來促成交易。比如，銷售人員可以對顧客說「大家都買了這個東西」或「隔壁和對面的太太都各買了一打」。事實上，「大家」是否真的都買了，是不可驗證的，也是不重要的。對顧客來說，你只要提「大家」這兩個字，就可以激起他們的消費欲望。

我的一位朋友，在向一位女士推薦護膚品，顧客說道：「這個牌子的護膚品我以前沒用過，市面上也沒有在賣，也不知道效果到底好不好。」

她說道：「是啊，選擇適合自己皮膚的護膚品的確很重要，正好我們週末有個美容講座，大家一起聚聚，聊聊美容護膚方面的話題，相信你會感興趣的。」

在週末的美容講座上，這位女士看到參加聚會的女士們個個都打扮得高雅大方，讓她非常羨慕；聚會中聊到的關於護膚的知識也讓她獲益匪淺。會後，她興奮地問我的朋友：「她們用的都是這種護膚品嗎？」

當女士提出這樣的問題時，我的朋友抓住機會促成了銷售，這位女士也成為了她的一位忠實顧客。在整個銷售過程中，她都準確地掌握了顧客的購買心理。

在第一次介紹產品的時候，由於產品沒有知名度，顧客對於使用產品後的效果是持懷疑態度的。但是在美容講座這

樣的環境中，當顧客看到聚會上的其他女士都容光煥發，並且都在使用這個品牌的護膚品時，她的心理也就產生了變化，她相信只有好的產品才會有這麼多人使用，跟著大家的選擇一定不會錯，於是做出了購買的決定。

利用從眾心理的兩個要點：

■一、環境

人們的消費行為受環境的影響，在促成階段要盡可能地讓顧客融入某種特定環境，讓特定環境下的氛圍影響顧客的購買決定。環境就是購買行為的催化劑，沒有它，很多顧客往往會觀望等待，最後放棄購買。

■二、時機

促成銷售需要在顧客最心動的時刻抓住機會，打鐵趁熱，否則，離開特定的環境或者受其他人的影響，顧客的心理就可能發生變化。從眾購買是有個時機效應的，當環境影響達到最大值的時候，顧客購買的欲望就會非常強烈，反之，購買的欲望就淡了。

離開了特定的環境和時機，利用從眾心理促成交易的優勢就不復存在。環境的因素可以看作人的因素，即要有特定的人群，時機的因素可以看作顧客心理的變化。

利用從眾心理的建議如圖 7-1 所示：

01 保證產品品質是前提

02 人為製造熱銷的氣氛

03 列舉有說服力的老顧客

圖 7-1 利用從眾心理的三點建議

1. 保證產品品質是前提。好的產品品質是利用顧客從眾心理的前提。企業能夠充分利用顧客的從眾心理使銷路打開的前提是生產的產品品質好，顧客購買後能真正認同這種產品。銷售最終還是要以品質贏得顧客的，如果顧客購買產品後發現品質不過關，是不會再上第二次當的。

2. 人為製造熱賣的氣氛。顧客購物時一般都會選擇人流多、人氣旺的地方。人為製造熱賣氣氛，把自己的商品炒熱，引起大眾的廣泛關注，具有從眾心理的人就會跟著湊熱鬧，這樣一來，購買的人就會越來越多。

3. 列舉有說服力的老顧客。顧客雖然有從眾心理，但假如銷售人員列舉的成功例子不具有足夠的說服力，顧客也未必會為之動容。所以，銷售人員要盡可能選擇那些顧

客熟悉的、比較具有權威性的、對顧客影響較大的老顧客作為列舉對象。

沒有組織的人群像羊群，大部分都跟著隊伍走。人們看到別人購買，就會盲目地認為他們的選擇一定不會錯，所以也對產品產生了信賴感。利用從眾心理製造的事件，品質是第一位的，而且所有案例和事實都不能是虛假的，不能被揭穿，否則就會嚴重影響顧客對銷售人員及公司的印象。

巧妙運用好奇心

　　有一次，我在給一位實體店合作夥伴的員工們培訓時，向他們提到「利用顧客好奇心來達成成交」時，他們興致很高。

　　那堂課後，員工們第二天就用這種方法跟顧客溝通，效果非常好。

　　所謂好奇心，是顧客希望得到新的體驗後，對未知產品的一種購買衝動，它是所有購買動機中最有力的一種。吊起顧客的胃口是引導顧客進行有效消費的最佳途徑之一。好奇心是人類最原始的一種探索行動，從出生時它就存在。

　　業務員可以利用人的好奇心，透過設定懸念，引起顧客的注意，吊起顧客的胃口，打開銷路、銷售產品。「到底怎麼回事」、「為什麼會這樣」等，顧客一旦產生這樣的問題，如果得不到解決，就會感到不安；解決了這些問題，則會獲得一種安定的情緒。

　　牛頓為什麼能夠從蘋果落地發現萬有引力定律？是他那份對科學的好奇心。心理學家和教育家要對人的差異有足夠的好奇心，文學家要對人的內心的隱祕有足夠的好奇心，經

濟學家要對消費現象有足夠的好奇心。足夠的敏感、好奇心和追根究柢恰恰是事物發展的關鍵性動力。

路易士是一位美國人，他年輕時，每天推著車在芝加哥住宅區叫賣水果，勉強賺夠一家七口的生活之需。一般人有這樣的習慣，看到別人圍在一起，就會走過去瞧瞧，這都是好奇心的緣故，路易士卻因此獲得了命運之神的垂青。

有一天，路易士出去採購貨物，偶然在一家書店門前經過，看見了那裡的廣告牌，牌子上用鮮明的顏色寫著：「每月新書，今天發售。」他被這個廣告牌吸引住了，便走進書店看看。

他看見很多人爭著翻閱這本新書，有些人就把書買了下來。他問店員：「這本書今天賣出了多少？」回答是 200 本。因為顧客大都愛好新奇，所以新出版的書往往暢銷，除非書的內容實在非常差勁。

路易士從這件事上悟出了一個新道理：東西必須新奇才會暢銷，要想個辦法滿足顧客愛好新奇的心理。他來到水果批發公司，看到一個不太引人注目的角落裡堆放著 20 多箱澳洲青蘋果。美國人平時很少吃青蘋果，所以它們就無人問津。路易士靈機一動，以低價把那 20 多箱青蘋果全部買下，準備玩一次冒險。回到家裡，他把那些青蘋果全部洗得非常光亮，然後用白色塑膠套包好，再用鮮明的顏色寫了幾個很大的廣告牌：「竭誠推薦本月最佳水果 —— 澳洲青蘋果。」

他的宣傳果然奏效，懷著好奇心的人們都來嘗試這種青蘋果到底是不是最佳，紛紛來購買，他很快便賣出了好幾箱。不到兩天，路易士居然把20多箱青蘋果全部賣完。他最後竟然就是用這個簡單的辦法賣出了260箱青蘋果，售價還比其他蘋果貴了許多。

路易士之所以能把青蘋果這麼順利地賣出去，利用的就是顧客的好奇心。從中可以獲得啟示：一旦某個品牌讓顧客產生了真正的好奇心，那麼，顧客購買該品牌產品的可能性將大大增加。一個真正有新意的品牌，要與顧客與日俱增的好奇心建立連繫，使銷售額的增長，並為品牌發展創造機會。

利用顧客的好奇心，是一種很好的激起顧客購買慾的方法。通常，業務員喚起顧客好奇心的辦法有以下幾種，如圖7-2 所示：

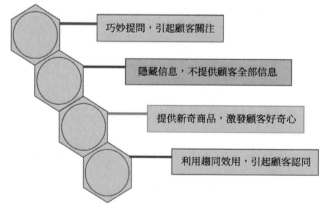

巧妙提問，引起顧客關注

隱藏信息，不提供顧客全部信息

提供新奇商品，激發顧客好奇心

利用趨同效用，引起顧客認同

圖 7-2 喚起顧客好奇心的幾種方法

■一、巧妙提問，引起顧客關注

顧客有一種習慣，對問題會不自覺地關注。當你提一些刺激性的問題時，顧客的注意力就會被拉到你身上來。不過，不論提出什麼問題，都應該與銷售活動有關，這樣顧客不易分心，更容易引起關注。

■二、隱藏訊息，不提供顧客全部訊息

業務員面對顧客的時候，也可以不要把產品的所有訊息都透露給顧客。只有釋出部分訊息在顧客面前，他們就有獲得更多訊息的欲望。

■三、提供新奇商品，激發顧客好奇心

人們總對新奇的東西感到興奮、有趣，都想「先睹為快」。更重要的是，人們不想被排除在外，所以業務員可以利用這一點吸引顧客的好奇心。

■四、利用趨同效用，引起顧客認同

在拜訪顧客時，如果其他所有人都有著共同的趨勢，顧客必然也會加入進來，而且通常會想知道更多訊息。比如，業務員說：「坦白地講，趙小姐，我已經為你的許多同行解決了一個非常重要的問題。」這句話足以讓趙小姐感到好奇。

如果顧客對你的產品產生好奇，你就離成功不遠了。如果你能激起顧客的好奇心，你就有機會建立信用，建立顧客關係，提供解決方案，進而獲得顧客的購買機會。

利用客戶對時尚的追求

我前面講過，顧客在購買產品過程中，很注重體驗，除此以外，很多顧客都受時尚心理的影響。時尚心理就是追求流行的東西，追求自己所尊崇的事物，以獲得一種心理上的滿足。在追求個性的時代，時尚心理的影響非常大，它會促使人們做出購買行為。這是大眾消費中最具生命力、最具情感因素的消費模式。由於喜歡追隨潮流。他們對商品是否經久耐用、價格是否合理等因素並不太考慮。

客戶之所以喜歡追求時尚，是因為他們很容易被媒體宣傳和周圍氣氛所感染，只要稍加渲染，就能讓他們確定購買。為此，在成交前後應該執行下列步驟：

■ 一、成交前的訊息渲染

成交看似在數分鐘內完成，但成功的基礎卻來自於平時。你可以針對青少年客戶名單進行分組，並以「時尚」為標籤管理。日常社群軟體互動中，多向他們展示時代潮流，讓他們對此購買行為產生時尚感；多展示產品是如何被年輕人喜歡接受的，突出「奇特」、「酷」、「樂享」等詞語，

多用網路語言中的各種表情符號。這樣，他們在開始談判之前，就已經被植入了產品的時尚形象。

■二、溝通中傳播時尚訊息

在和客戶的交流中，可以採取以下方式傳播時尚訊息，如圖 7-3：

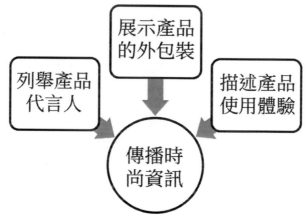

圖 7-3 銷售人員和客戶交流時要傳播的時尚訊息

1）列舉產品代言人

如果公司邀請過娛樂界、時尚界的名人代言過產品。可以先了解他們對該名人的看法，如「您知道 XXX 嗎，就是演 XXX 電視劇那位」。隨後，在談話中向客戶進行介紹，並展示圖片、影片等資料。如「您看，這是 XXX 代言我們產品的發布會」等。

2）展示產品的外包裝

將產品外包裝實物圖片發送給客戶。注意，圖片必須是經過專業設計的。這樣，精美的外包裝就能夠打動他們追求時尚的心理，並為此決定成交。

3）描述產品使用體驗

可以在談判中向客戶描述產品使用的體驗。如，「用了這款產品，您很快就會受到同事、朋友的矚目」、「這款嬰兒餐椅，顏色很漂亮，又便於隨身攜帶，家人聚餐，特別有面子」。在對體驗的描述中，必須融入新奇感、時尚感，引發他們對產品的嚮往。

■三、做好售後宣傳

當客戶第一次購買你的產品後，不妨主動請其回饋使用、評價產品的圖片和文字。再將之包裝之後，做成電子雜誌、精美相簿送給他們看。這樣，客戶就會因為自己的「成名」，而得到精神追求上的暫時滿足。隨後，當你再次推出新品後，客戶會回憶起這樣的體驗，並再次考慮購買。

利用環境

無論是給學員講課，還是給員工培訓，我都會提到一個著名的定律，叫做「7 秒鐘定律」，面對琳瑯滿目的商品，消費者只需要 7 秒鐘，就可以確定是否需要該商品。在這短暫的 7 秒鐘之內，環境的設計就特別重要，包括產品的設計和擺放、色彩和音樂的運用等，成為決定人們對商品喜好的重要因素。

商品的擺放一要滿足消費者求美心理，也就是說，怎麼擺放看起來更美觀；二要滿足消費者方便心理，也就是說，擺放要方便消費者去挑選。如果一件商品的擺放，讓消費者看不見或拿不到，都會打擊消費者的購買情緒。

對業務員來說，要想跟客戶快速成交，環境同樣重要。我認為，下面這些因素，能夠建構出著最適合成交的環境：

■ 一、自身形象

自身形象，是成交環境的重要因素。這個我在前面也多次講過，業務員做業務，個人形象非常重要，要想讓客戶快速下單購買，我們的個人形象最為重要。

一般來說，一個業務員的自身形象包括以下幾點，如圖7-4：

圖 7-4 業務員的自身形象

個人形象：

我這裡說的形象，除了你的穿著，外型，髮型等等，更多的是你整體的一個氣質，這種氣質能襯托你的良好素養，讓你內外結合的一個標準，總之，就是讓你的外在形象加深客戶對你的印象，讓你可以更有前途。

專業性：

熟練掌握自己產品的知識。你的客戶不會比你更相信你的產品。成功的業務員都是他所在領域的專家，要做好銷售就一定要具備專業的知識。信心來自了解。我們要了解我們的產業，了解我們的公司，了解我們的產品。專業的知識，一定要用通俗的表達，才更能讓客戶接受。

學習能力：

頂尖的業務員都是注重學習的高手，透過學習培養自己的能力，讓學習成為自己的習慣，因為，成功本身是一種思考和行為習慣。

學習的最大好處就是：透過學習別人的經驗和知識，可

以大幅度的減少犯錯和縮短摸索時間，使我們更快速的走向成功。由於銷售是一個不斷摸索的過程，業務員難免在此過程中不斷地犯錯。反省，就是認識錯誤、改正錯誤的前提。正是透過學習，成功的業務員才能與他的客戶有許多共識。這與業務員本身的見識和知識分不開。有多大的見識和膽識，才有多大的知識，才有多大的格局。

■二、溝通時間

高節奏的工作和生活中，留給業務員與客戶進行深入溝通交流的時間並不多。最好的時間時段包括下面幾種：

工作日：

早上 8：30 至 10：00，這段時間大多數客戶會緊張地工作，盡量不要打擾客戶。到了 10：00 至 11：00，這時客戶忙碌時間已經過去，一些事情也會處理完畢，這段時間就是電話行銷的最佳時段。到了下午 2：00 至 3：00，這段時間人會感覺到煩躁，特別是夏天，你可以和客戶聊聊與工作無關的事情。在下午 3：00 至 6：00，努力地打電話吧，這段時間是我們創造佳績的最好時間。在這段時間，建議你自己要比平時多 20% 的工作量來做事情。

週六日中午：

這一時間點，能夠利用輕鬆、悠閒的休假日來開啟話題。在與新客戶、代理交流時，不妨選擇該段時間建立良好成交環境。

節假日前夕：

在國定節假日前夕，客戶手頭的工作節奏放慢，注意力開始分散。此時主動打招呼，從「節假日如何安排」的話題，延伸到邀請他們了解產品，很容易拿到訂單。

■三、成交環境

有時候，個人客戶難以下定決心成交，但當眾多客戶集中時卻能迅速購買。為此，可以創造一個有利於客戶成交的環境。如圖 7-5：

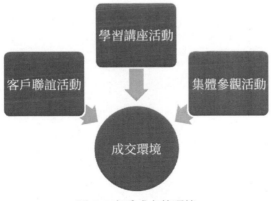

圖 7-5 客戶成交的環境

客戶聯誼活動：

可以利用推出新品、客戶回饋、節日派對等形式，舉辦客戶聯誼活動。在活動中，有意安排新舊客戶與代理商的比例，確保有足夠的行銷力量影響新客戶。

學習講座活動：

針對客戶的實際需求，推出免費講座培訓活動。由於客戶是抱著學習心態前來，因此很容易受到集體氣氛影響而下單。

集體參觀活動：

將客戶以集體組團方式，參觀企業或團隊的生產、服務實體機構，並在眼見為實的過程中進行行銷。

透過「集體意識」，讓客戶不孤單

業務員在工作過一段時間後，手中的客戶數量會越來越多，客戶性質和層次就越來越複雜。此時，你需要理清思路，制定切實可行的方法，對客戶進行分析整理，讓每個客戶都能找到自己的盟友。

下面是對客戶進行團體性管理的方法：

■一、整理客戶資訊

你應該對自己客戶的整體情況，進行概括了解。首先設定出不同群組標籤，如年齡、收入、社會階級、消費習慣和思維習慣；其次，要統計每個群組裡客戶的數量和比重。在整理時，要盡量做到詳細和周全。

■二、挑選意見領袖

劃分並形成客戶群組之後，應該在每個群組中樹立起意見領袖。其身分可以是忠實客戶，也可以是下級代理。但必須具有充分的代表性，有良好形象和溝通能力，見圖 7-6：

277

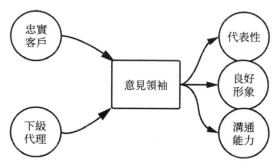

圖 7-6 意見領袖的特點

除此之外，挑選意見領袖的重要標準在於其是否具有「可參照性」。如果你發現某個客戶最能代表其所在群體的標準，他很可能就是該群組內的參照人物。

例如，在 30 至 36 歲的客戶中，某人明顯比其他所有人的氣色、膚質都好，生活方式也更加健康，工作、事業均衡得最好。那麼他顯然就是該群體的共同參照標準。一旦他決定購買某個產品，很可能就會影響到其他人。

當然，參照人物也可能受到社會化因素的影響。例如，某個客戶群全部來自一家女性為主的事業單位。毫無疑問，該群體的參照人物就是其中職銜最高的那一位。無論群體內任何成員購買產品，都會自然地將其作為「盟友」，願意請教並尊重她的意見。

根據上述原則，為每個群體挑選出意見領袖，等同於為所有人找到了「盟友」。

■三、包裝意見領袖

確定人選之後，你應該以意見領袖為核心，舉行團體活動。在活動過程前後，由意見領袖來連繫群體內成員；活動中，盡量包裝和樹立意見領袖的威信，如請其發表產品體驗等分享或培訓內容等。這樣，整個客戶群會逐漸接受其「盟友」角色。

■四、結合產品生命週期

客戶個人所受群體的影響大小，也並非始終固定。

當產品剛剛推出，還處於進入期時，客戶很容易受到同一個群體內參考人物的影響，尤其看重功能的評價；當產品處於成長期時，影響力依舊較大；但當產品開始進入成熟期，客戶就會逐漸在品牌選擇上受到「盟友」影響；當產品面臨衰退期，所有影響力都會下降。

把握這樣的規律，你就要結合產品生命週期，在不同階段向各群體的意見領袖，推送不同訊息。

電子書購買

爽讀 APP

國家圖書館出版品預行編目資料

從聽懂到成交信任的速度，快速獲得客戶信賴的
高效策略：看透客戶心理，解讀客戶言語中的潛
臺詞，精準擊中每個交易的破綻 / 黃華彬，肖莉
莉 著 . -- 第一版 . -- 臺北市：財經錢線文化事業
有限公司 , 2024.04
面；　公分
POD 版
ISBN 978-957-680-823-4(平裝)
1.CST: 銷售 2.CST: 銷售員 3.CST: 職場成功法
496.5　　113002999

從聽懂到成交信任的速度，快速獲得客戶信賴的高效策略：看透客戶心理，解讀客戶言語中的潛臺詞，精準擊中每個交易的破綻

臉書

作　　　者：黃華彬，肖莉莉
發　行　人：黃振庭
出　版　者：財經錢線文化事業有限公司
發　行　者：財經錢線文化事業有限公司
E - m a i l：sonbookservice@gmail.com
粉　絲　頁：https://www.facebook.com/sonbookss/
網　　　址：https://sonbook.net/
地　　　址：台北市中正區重慶南路一段六十一號八樓 815 室
Rm. 815, 8F., No.61, Sec. 1, Chongqing S. Rd., Zhongzheng Dist., Taipei City 100,
Taiwan
電　　　話：(02) 2370-3310　　傳　　　真：(02) 2388-1990
印　　　刷：京峯數位服務有限公司
律師顧問：廣華律師事務所 張珮琦律師

定　　　價：375 元
發行日期：2024 年 04 月第一版
◎本書以 POD 印製
Design Assets from Freepik.com